Dorothea Cüppers

GESCHENKE verpacken

Dorothea Cüppers

GESCHENKE verpacken

- Das neue große Ideenbuch
- Mit 100 Farbbildern

Augustus Verlag

Inhalt

Vorwort

Erst die Verpackung macht aus einem Gegenstand ein Geschenk. Ein sorgfältig ausgesuchtes Papier, eine üppige Schleife oder eine originelle Idee drücken in besonderer Weise die Wertschätzung aus, die dem Beschenkten entgegengebracht wird.

In diesem Buch finden Sie eine Fülle von Verpackungsideen für viele Gelegenheiten: für Geburtstage und besondere Feste, für große und kleine Geschenke, für Osterpräsente, Weihnachtsgaben und Nikolausüberraschungen. Einige Vorschläge bestechen durch schönes Geschenkpapier und dekorative Bänder, andere durch originelle Accessoires.

Für einige Ideen brauchen Sie etwas mehr Zeit, die meisten aber lassen sich schnell nacharbeiten. Und auch an die ganz Eiligen wurde gedacht, die noch in der sprichwörtlich letzten Minute eine hübsche Verpackung zaubern möchten oder aus einer Flasche ein fantasievolles Mitbringsel machen wollen.

Ein wichtiger Aspekt sind die Kosten: schöne Papiere und dekorative Geschenkbänder sind nicht ganz billig. Hier ist Kreativität gefragt, denn es gibt originelle Alternativen. Lassen Sie sich von den Ideen inspirieren und entwickeln Sie Ihren ganz persönlichen Stil. Haben Sie Mut auch zu witzigen und ausgefallenen Dekorationen, und genießen Sie die Anerkennung und Freude der Beschenkten, wenn Sie Ihr ganz persönliches Verpackungskunstwerk überreichen!

Dorothea Cüppers

Bevor es losgeht

Papier

In diesem Buch finden Sie Verpackungsvorschläge mit ganz unterschiedlichen Papiersorten. Viele Ideen sind ganz unmittelbar an ein spezielles Material geknüpft, bei anderen Vorschlägen lassen sich die empfohlenen Materialien durchaus gegen andere austauschen.

Wenn Sie mit transparentem Papier verpacken wollen, sollten Sie das Geschenk zuvor in weißes Papier hüllen, damit es nicht durchschimmert. Wer Kreppapier verarbeitet, sollte wissen, daß dessen Farbe wasserlöslich ist. Vorsicht also bei feuchten Fingern und Klebstoff auf Wasserbasis.

Klebstoff

Die Papierverpackung um die Geschenke läßt sich am schnellsten und einfachsten mit **transparentem Klebefilm** schließen. Die Dekoration befestigen Sie mit **doppelseitigem Klebefilm,** den Sie von der Rolle abschneiden. Noch einfacher geht's mit **beidseitig klebendem Fotoband,** das als Film abgerollt wird. Klebefilme haben flüssigem Klebstoff gegenüber den Vorteil, daß sie das Papier nicht aufweichen und wellen lassen.

Flüssigen Klebstoff können Sie punktgenau und auch großflächig aufgetragen. Vor allem für Haushalte mit Kindern sind lösungsmittelfreie und auswaschbare Kleber empfehlenswert. Für manche Bastelarbeiten eignen sich auch **Klebestifte.** Nicht zuletzt gibt es individuelle Vorlieben für das eine oder andere Verfahren. Probieren Sie aus, mit welchem Klebstoff Sie am besten hantieren können.

Bänder

Geschenkbänder finden Sie nicht nur in Schreibwaren- und Bastelgeschäften, sondern auch in Drogerien, Lebensmittelläden oder den Kurzwarenabteilungen der Kaufhäuser. Eine reichhaltige Auswahl bieten Spezialgeschäfte für Dekorations- und Verpackungsmaterial an. Oft wird das Material als Meterware angeboten. Wo es fertig abgepackt ist, achten Sie auf die Maßangaben auf der Verpackung.

Dünne Bänder benötigen Sie vor allem zum Verschnüren der Pakete. Es gibt sie in großer Auswahl, angefangen vom Ringelband über Bast, Kreppkordel, Kordel aus Recyclingmaterial bis hin zu Baumwollbändern oder Bordüren. **Breite Bänder** aus Seide, Tüll, Spitze oder Jute, metallisch, bedruckt oder drahtverstärkt, verwenden Sie in erster Linie zur Dekoration und zum Binden dekorativer Schleifen.

In den Materiallisten zu den Verpackungsideen finden Sie Längenangaben für die verarbeiteten

Bänder. Sie können jedoch nur eine Orientierungshilfe sein, denn der Bandverbrauch ist vor allem abhängig von der Größe Ihres Paketes, aber auch von der Art des Bandes und der Schleife, die Sie binden.

Dekorationsmaterial

Außer dem Dekorationsmaterial, das unter diesem Begriff zu kaufen ist, können Sie viele nette Kleinigkeiten zweckentfremden. Lassen Sie sich inspirieren von Form und Farbe der Geschenkverpackung, vom Geschenk selber, vom Anlaß oder der beschenkten Person. Und halten Sie die Augen auf, denn oft entdeckt man Dekoratives, wo man es vielleicht gar nicht suchen würde.

Zusätzliches Material und Werkzeuge

Das meiste werden Sie sicher im Haus haben: Schere, Schneidemesser (Cutter) mitsamt einer Pappe als Schneideunterlage, Lineal, Winkeldreieck, Bleistift, Tacker, Locher, dünnen Draht. Auch eine Sammlung von Schachteln und die Pappe großer Kartons ist nützlich.

Einige Verpackungsideen wirken besonders schön im großen Format. Auch lassen sich Quader meist besser verpacken als das eigentliche Geschenk. Scheuen Sie sich also nicht, das Geschenk in eine Schachtel zu legen, um es größer und handlicher zu machen.

Abpausen

Gezeichnete Vorlagen aus diesem Buch oder Motive aus Büchern, Illustrierten oder von Stoffen können Sie mit zwei Methoden auf Ihr Papier übertragen:

Durchpausen mit Transparentpapier (Butterbrotpapier)
Legen Sie das transparente Papier über das Motiv, und zeichnen Sie es mit Bleistift nach. Transparentpapier abnehmen, umdrehen und die Umrißlinie mit einem weichen Bleistift nachzeichnen. Das transparente Papier mit dieser Linie nach unten auf das Deko-Papier legen und das Motiv noch einmal nachzeichnen. Die weichen Bleistiftlinien werden sichtbar.

Nachzeichnen mit Kugelschreiber
Sie machen eine Fotokopie des gewünschten Motivs (dabei können Sie es gleichzeitig verkleinern oder vergrößern) und übertragen die Umrißlinien, indem Sie sie mit dem Kugelschreiber – die Kopie über dem Deko-Papier – nachzeichnen.

Grundarbeiten Schritt-für-Schritt

Servietten-Nelke

Eine üppige Blüte ist ein schöner Blickfang auf großen Geschenken.

Material

- *Papierserviette*
- *Nähseide*
- *Pfeifenputzer oder Draht*

① Serviette entlang der Knicke zerschneiden.

③ Die vier »Fliegen« kreuzweise übereinanderlegen und mit Nähseide verbinden. Die einzelnen Papierlagen vorsichtig auseinanderzupfen. Jetzt kann die Nelke als Dekoration aufgeklebt werden.

② Jedes Quadrat in der Mitte zusammenraffen und mit Nähseide zusammenbinden.

④ Statt mit Nähseide können die vier »Fliegen« auch mit einem Pfeifenputzer oder Draht zusammengenommen werden, dann hat die Nelke einen Stiel, der auch zur Befestigung an der Verpackung dient.

12

Verpacken einer runden Schachtel

Mit etwas Geschick ist es gar nicht schwer, auch eine runde Schachtel zu verpacken.

Material

- *nicht zu festes Papier, z.B. Kreppapier*
- *farblich passender, fester Papierrest*
- *doppelseitiger Klebefilm*
- *Klebestift*

① Papier so zurechtschneiden, daß es so breit ist wie Durchmesser und Höhe der Schachtel zusammen. Das Papier sollte etwas länger sein als der Umfang der Schachtel. Achtung: Wenn Sie Kreppapier verwenden, muß die Riffelung parallel zur Schmalseite verlaufen. Stellen Sie das Geschenk mit der Seite auf die Mitte des Papiers. Kleben Sie ein Stück doppelseitiges Klebeband mittig auf eine Schmalseite.

② Kleben Sie die Schmalseite auf der Schachtel fest, rollen Sie die Schachtel ins Papier, und sichern Sie das Papier zum Schluß wieder mit doppelseitigem Klebefilm.

③

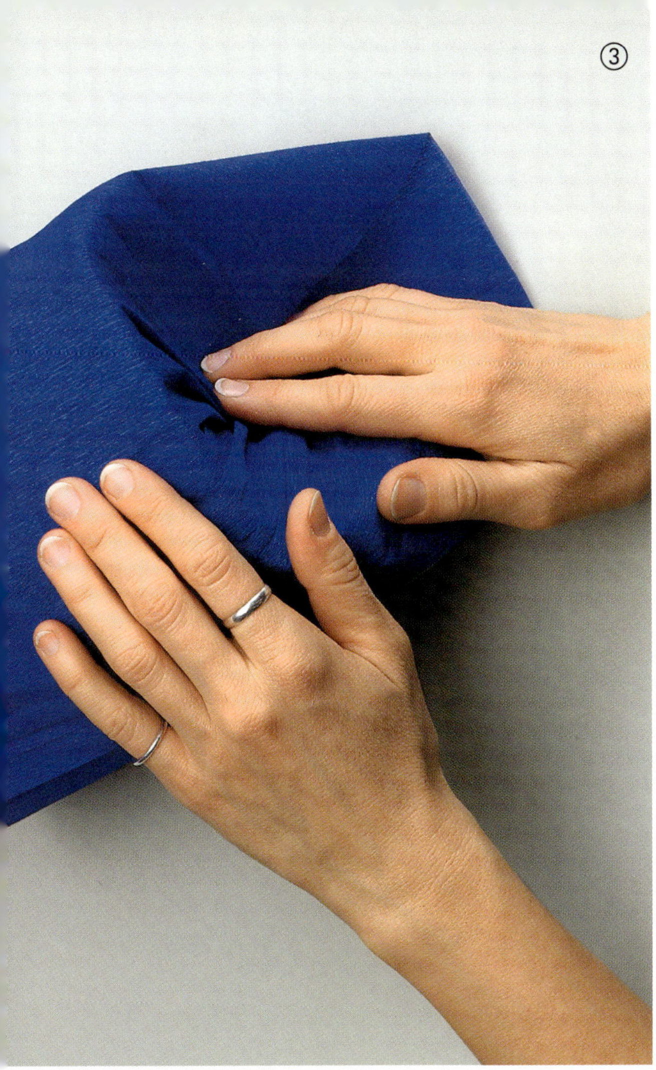

④

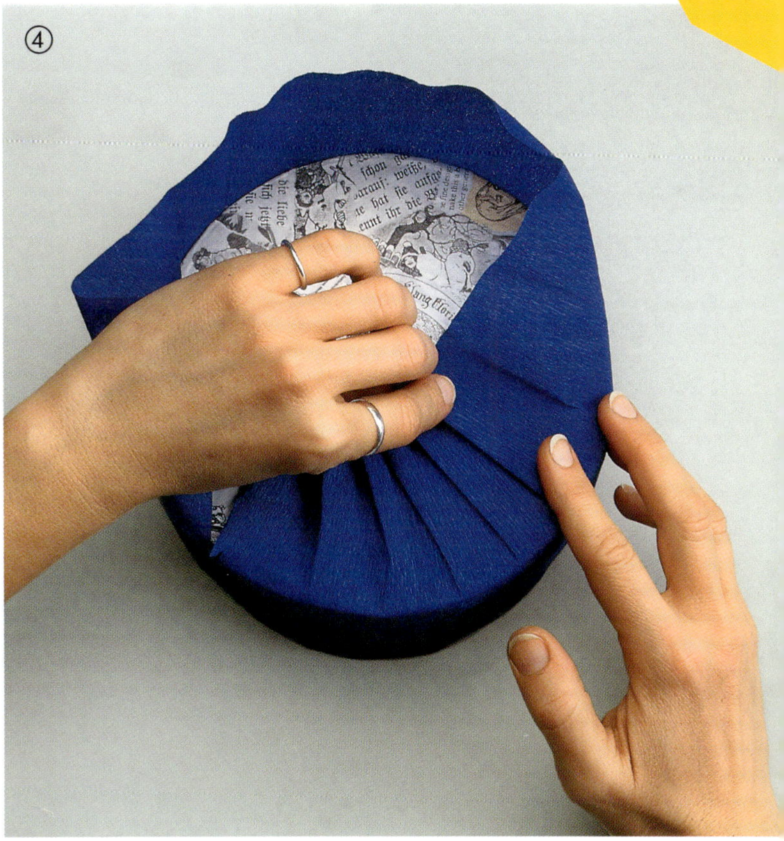

⑤

③ Zuerst die Unterseite schließen. Streichen Sie dazu das Papier mit dem linken Daumen am Schachtelrand nach innen, und legen Sie mit der rechten Hand kleine Falten, die alle in etwa dem gleichen Abstand zur Mitte zeigen. Falten in der Mitte mit einem Stück Klebefilm fixieren.

④ Schachtel umdrehen und das Papier an der Oberseite ebenfalls fälteln.

⑤ Eine passende Kreisscheibe aus nicht zu dünnem Papier zuschneiden und auf die Öffnung in der Mitte kleben.

14

Single-Schleife

Eine einfache Dekorations-Schleife, die mit doppelseitigem Klebefilm aufgeklebt oder mit Draht oder Bindfaden angebunden werden kann.

Material

- *ca. 80 cm Band*
- *Draht oder Bindfaden*

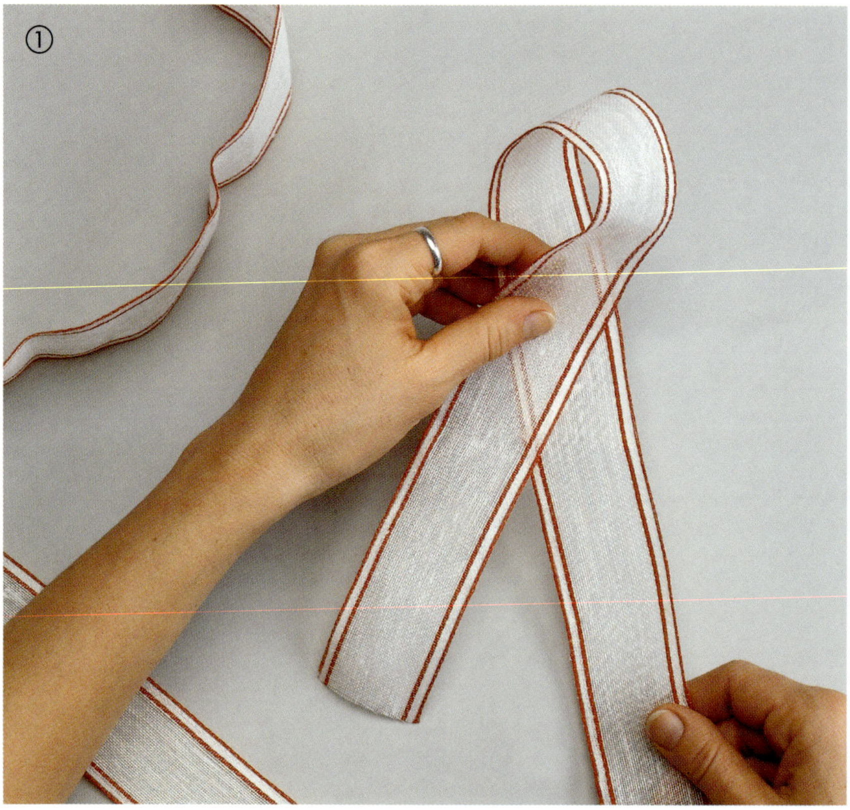

① Ein Ende des Bandes zur Schlinge legen. Festhalten.

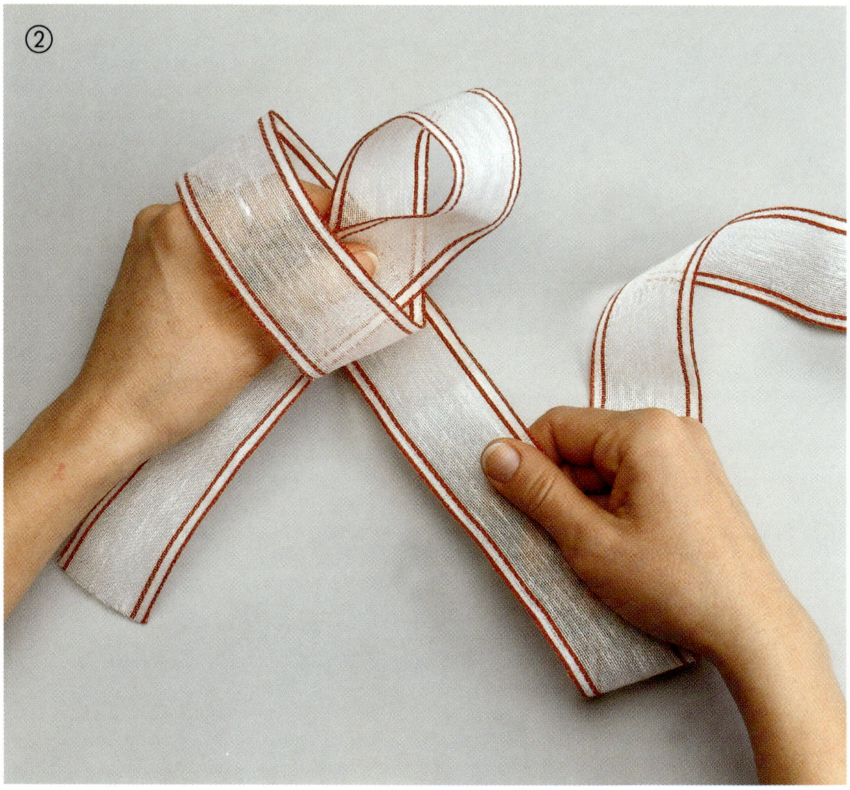

② Das längere Bandende über die Schlaufe und wieder zurückführen.

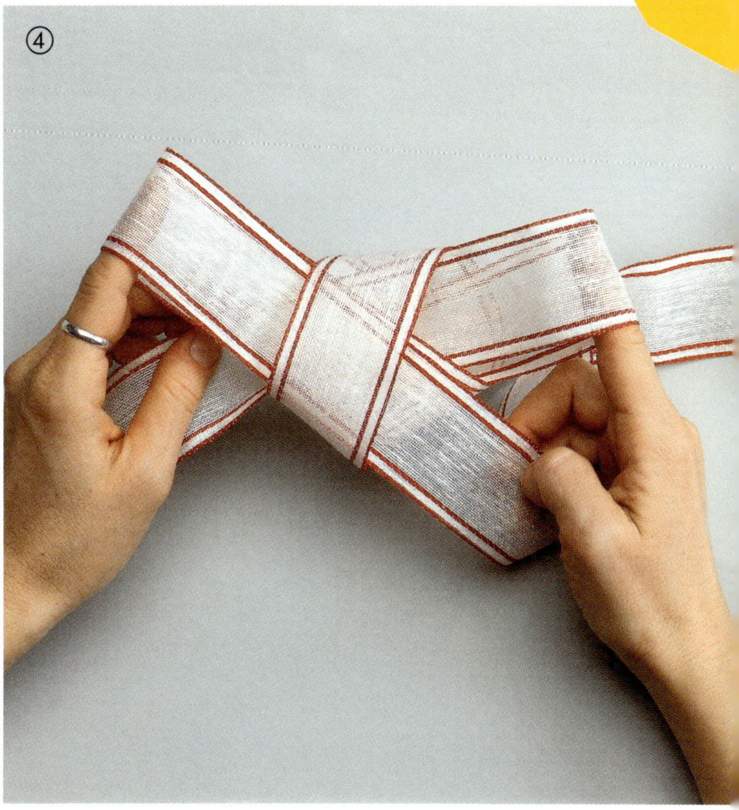

③ Mit dem längeren Ende des Bandes eine Schlinge legen und diese durch die vorher gelegte Schlaufe schieben. Mit Daumen und Zeigefinger der linken Hand auf der anderen Seite herausziehen.

④ Jetzt können die beiden großen Schlingen mit beiden Händen etwas hin und her gezogen werden, bis sie gleich lang sind und festgezogen werden. Eventuell vor dem Festzurren ein Stück Bindfaden oder Draht hinten in die mittlere Schlaufe legen.

⑤ Bandenden auf eine Länge kürzen.

Blumige Schleife

Diese Dekorationsschleife wird auf das Geschenk geklebt oder mit Kordel oder Draht daran befestigt. Am besten läßt sie sich aus nicht zu glattem Geschenkband herstellen.

Material

- *ca. 1,30 m Geschenkband*
- *Tacker*
- *evtl. Draht oder Kordel*

① Ein Bandende über dem Daumen zur Schlinge legen. Sie sollte groß genug sein, um den Tacker hineinzuschieben.

② Eine Schlinge über und eine unter die erste legen.

③/④ Nun werden vier seitliche Schlingen gelegt, dabei nach jeder Schlinge das Band auf der Rückseite drehen.

⑤ Aus dem Rest des Bandes eine große Schlinge legen und das Bandende zusammen mit der Schleife festhalten. Zusammentackern.

⑥ Die letzte große Schlinge durchschneiden. Eventuell auf der Rückseite zur Befestigung ein Stück Draht oder Kordel anbringen. Dazu Draht oder Kordel durch die unteren Schlaufen ziehen.

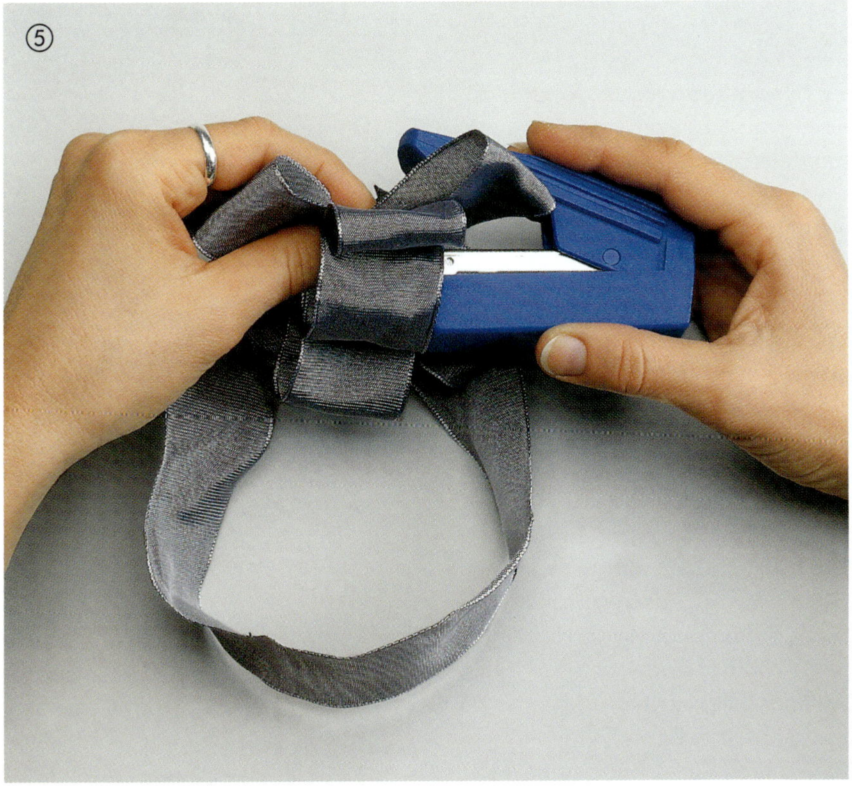

Frühlingsgruß

Eine schöne Idee für ein flaches Geschenk, die sich schnell und einfach realisieren läßt und mit anderem Dekor, vielleicht Sommerblüten in der Mitte, auch zu anderen Jahreszeiten paßt.

Material

- *1-2 Bögen starkes, grünes Papier*
- *einige Schokoladenkäfer*

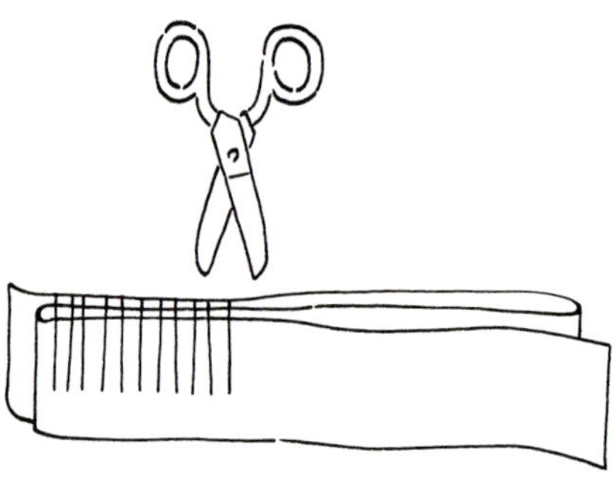

So wird's gemacht

Das Geschenk mit grünem Papier einpacken.

Für das Gras rundherum schneiden Sie aus dem restlichen Papier einen Streifen, der etwa doppelt so hoch ist wie das Geschenk und mindestens so lang wie sein Umfang. Falls die Länge nicht reicht, kleben Sie kürzere Stücke aneinander. Streifen einschneiden, so daß es wie Gras aussieht. Wenn Sie den Papierstreifen doppelt oder dreifach legen, geht es schneller.

Den gefransten Streifen mit Klebstoff um den Rand des Pakets kleben. Die Käfer und vielleicht einen persönlichen Gruß aufkleben.

Tip

Das Gras sieht natürlicher und lebendiger aus, wenn Sie es mit einem Messerrücken büschelweise leicht kringeln, mal von der einen, dann von der anderen Seite. Ein schöner Effekt entsteht auch, wenn Sie zwei Papierbögen in verschiedenen Grüntönen nehmen.

Liebe Grüsse

Ein Koffer voller Geschenke

Diese Verpackungsidee eignet sich für alle kleinen, rechteckigen Geschenke. Reiselustige Leute freuen sich bestimmt darüber.

Material

- *unifarbenes Papier, z.B. Tonpapier oder einfaches Packpapier*
- *Ausschnitte aus Illustrierten oder Reiseprospekten*
- *doppelseitiger Klebefilm*

So wird's gemacht

Verpacken Sie das Geschenk in unifarbenes Papier.

Der Griff des Koffers wird ebenfalls aus Tonpapier gefertigt: Papier der Größe des Koffers entsprechend zuschneiden, mehrfach knicken, bis es dick genug ist, um wie ein Koffergriff zu wirken. Zurechtschneiden, in Form

knicken und mit doppelseitigem Klebefilm auf eine Schmalseite des Pakets kleben. Aber Vorsicht: Der Griff ist nur eine Attrappe und kann nicht belastet werden!

Nun können Sie den Koffer nach Herzenslust mit passenden Ausschnitten bekleben.

Alles hat zwei Seiten

Mit beidseitig farbigem Papier lassen sich ohne viel Aufwand und weiteres Material schöne Verpackungen gestalten.

Material

- *beidseitig farbiges Papier*
- *doppelseitiger Klebefilm*

So wird's gemacht

Eine Kante des Papiers umschlagen. Geschenk so einpacken, daß dieser andersfarbige Umschlag oben gut sichtbar ist. Paket so sparsam einpacken, daß Sie von dem restlichen Papier viele Streifen schneiden können, die Sie zum Kringeln über eine Messerkante ziehen. Kringel mit doppelseitigem Klebefilm auf dem Paket befestigen.

Schöne Aussicht

... auf den eigenen Garten, den liebsten Urlaubsort, das Traumziel oder eine baldige Genesung? Diese Verpackung können Sie mit einem Foto, einer Ansichtskarte, einer Kalenderseite oder dem Ausschnitt aus einem Reiseprospekt ganz individuell gestalten. Sie eignet sich besonders für große, flache Geschenke.

Material

- *Geschenkpapier*
- *Landschaftsfoto*
- *weißes Seidenpapier oder Gardinenrest*
- *Packpapier*
- *weißes, festes Papier*
- *doppelseitiger Klebefilm*

So wird's gemacht

Auf das in Geschenkpapier verpackte Paket kleben Sie das Landschaftsfoto. Aus dem Packpapier 1cm breite Streifen schneiden und rund um das Foto kleben. Wenn es zum Motiv paßt, auch ein Fensterkreuz einkleben.

Für die Gardinenstange wird ein passender Streifen aus weißem Papier mit doppelseitigem Klebefilm versehen. Stoff oder Seidenpapier zurechtschneiden, links und rechts auf dem Streifen fixieren und diesen über das Fenster kleben.

Tip

Die Anmutung der Verpackung wird vom Foto bestimmt. Wählen Sie doch z. B. für Weihnachtsgeschenke eine Winterszene oder für ein Ostern ein Frühlingsbild.

Neugierige Mäuschen

Diese lustige Verpackung ist schnell gemacht und kommt nicht nur bei Kindern gut an.

Material

- *Seidenpapier in mindestens drei verschiedenen Farben*
- *Stecknadel*
- *Plüschmäuse*

So wird's gemacht

Verpacken sie das Geschenk nacheinander mit allen Bögen Seidenpapier. Immer an denselben Stellen mit Klebefilm zukleben!

Mit einer Stecknadel das oberste Papier einritzen und zu allen Seiten aufreißen. In die darunterliegenden Papierschichten jeweils etwas kleinere Löcher reißen. Die letzte Papierschicht nicht einreißen! Je nach Größe des Geschenks können Sie auch mehrere Löcher auf diese Weise herstellen.

Kleben Sie den Mäusen mit doppelseitigem Klebefilm einige Fetzen Seidenpapier ans Maul, bevor Sie sie auf das Paket setzen oder dort festkleben.

Würfel

Eine Verpackungsidee nicht nur für Verspielte. Falls Ihr Geschenk kein geometrisch exakter Würfel ist, können Sie es mit Pappe oder Zeitungspapier aufpolstern.

Material

- *unifarbenes Papier*
- *kontrastierendes Tonpapier*
- *Kreisschablone*

So wird's gemacht

Wickeln Sie das Geschenk in unifarbenes Papier.

Um die Scheiben für die Punkte herzustellen, suchen Sie sich einen kleinen Deckel oder ein kleines Glas in passender Größe. Mit dieser Schablone zeichnen Sie 21 Kreisscheiben auf das Tonpapier. Ausschneiden und aufkleben.

Tip

Ein echter Spielwürfel hilft Ihnen, die Punkte richtig zu verteilen.

Originelles »Altpapier«

Es muß nicht unbedingt Sparsamkeit oder Eile sein, die zu diesem ungewöhnlichen Verpackungsmaterial greifen läßt. Manchmal paßt es einfach besser zum Anlaß, als gekauftes Geschenkpapier. Witziger ist es in jedem Fall.

Material

- *Altpapier, z.B.:*
- *Illustrierten(doppel)seite*
- *Kalenderblatt*
- *Telefonbuchseiten*
- *Fotokopien, z.B. Stadtplan, Noten, persönliche Fotos*
- *Zeitungspapier, z.B. von ausländischen Zeitungen*
- *Stoffreste*
- *Obsttüten*
- *Tortenspitze*
- *Packpapier*
- *Farbreste*
- *Konfetti aus dem Locher*
- *Nadel und Faden*

Pünktchenpaket
Geschenk in dunkles, unifarbenes Papier einpacken und mit Klebestift bestreichen. Konfetti aus dem Locher darüberstreuen und etwas andrücken. Eine passende Schleife um das Paket binden.

Päckchen mit Seitennaht
Eine Idee für flache Geschenke. Suchen Sie ein ausdrucksstarkes Motiv aus einer Illustrierten oder einem abgelaufenen Kalender, und schlagen Sie das Geschenk darin ein. Seitliche Ränder weit überstehen lassen und mit Nadel und Faden in großen Stichen vernähen.

Tip

Oft bleiben beim Basteln Farbreste übrig. Tupfen und klecksen Sie sie auf einen Bogen Packpapier, und Sie haben bei der nächsten Gelegenheit ein individuelles Geschenkpapier zur Hand.

Nach einem bretonischen Volksliede.
Muskaten, der andere Braunnägelein.
aten, die sind süße, Braunnägelein, die sind schön;
assen uns scheiden, ja scheiden, das tut weh.
tönt des A - bend - glöck - leins
mir gahn? Schla - fen
wie - der vor -
Gaststätten u. Restaurants 169
削除する義務」
企画部長の話

Sahnetorte

Eine Torte ist zu jedem Anlaß willkommen. Wenn Ihr Geschenk nicht rund ist, besorgen Sie sich eine runde Schachtel, etwa eine leere Keksdose oder Käseschachtel, in die Sie das Geschenk legen.

Material

- *einfaches weißes Papier*
- *1-2 Bögen weißes Seidenpapier*
- *Papiertaschentuch*
- *13 rote Perlen*
- *braunes Geschenkband*
- *doppelseitiger Klebefilm*

So wird's gemacht

Zuerst wird die Schachtel mit weißem Papier beklebt, da das Seidenpapier transparent ist: Dazu zwei passende Kreisscheiben und einen Streifen für den Rand ausschneiden und mit Klebstoff auf die Schachtel kleben.

Schachtel in Seidenpapier verpacken (siehe Seite 12/13). Entlang der unteren Kante legen Sie das braune Geschenkband und fixieren es mit doppelseitigem Klebefilm.

Für die Sahnetupfer zerschneiden Sie ein Papiertaschentuch in vier Quadrate und zupfen diese auseinander, so daß 16 Quadrate entstehen. Dreizehn dieser Papierstücke an den vier Ecken zusammennehmen und zu einem Tütchen zusammenzwirbeln. Statt aus einem Papiertaschentuch können sie die Sahnetupfer auch aus Seidenpapierquadraten fertigen.

Kleben Sie zwölf kleine Stücke des doppelseitigen Klebefilmes auf den äußersten Rand des Schachteldeckels. Denken Sie dabei an die Zahlen einer Uhr: Wenn Sie mit der 12 beginnen, dann die 6, die 9, die 3, dann die restlichen »Zahlen« aufkleben, werden die Abstände ganz gleichmäßig.

Papiertütchen mit den verzwirbelten Ecken nach unten auf die Klebefilmstücke drücken und jeweils eine Perle in die Mitte kleben. Die Mitte der Torte verzieren Sie mit einem weiteren Sahnetupfen.

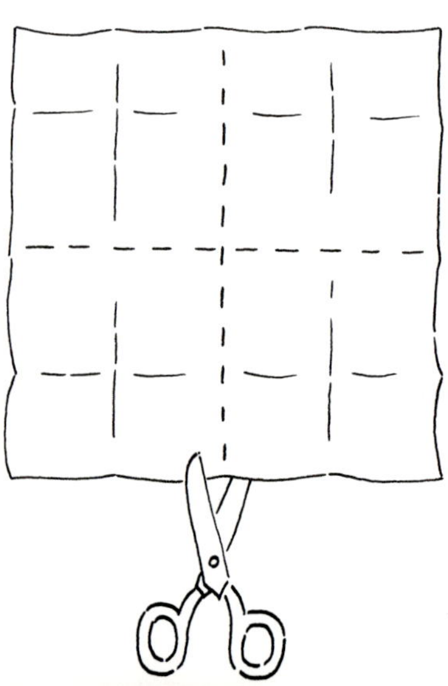

Tip

Wenn Sie statt des Sahnetupfers eine Kerze in die Mitte kleben, haben Sie eine richtige Geburtstagstorte.

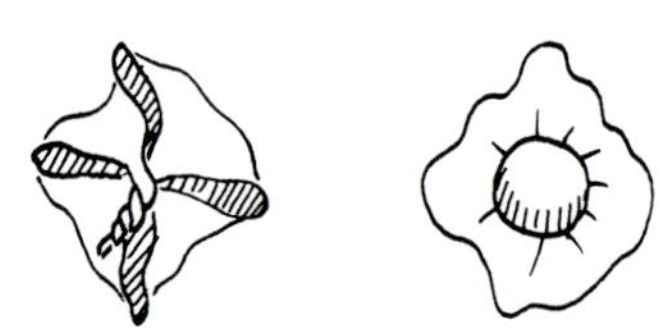

Birthday
Happy

Buntstift und Kerze

Zwei originelle Ideen für eine Flaschenverpackung. Der Deckel des Buntstifts läßt sich aufklappen, so daß die Verpackung mehrmals verwendet werden kann.

Material

Buntstift

- *farbiges Tonpapier*
- *beigefarbenes Tonpapier*
- *eine kleine und eine große Kreisvorlage*
- *doppelseitiger Klebefilm*

Kerze

- *orangefarbenes und gelbes Tonpapier*
- *Klebstoff*
- *doppelseitiger Klebefilm*

So wird's gemacht

Buntstift

Die Flasche mit dem blauen Tonpapier so einrollen, daß der Flaschenhals etwa 7 cm weit herausschaut. Dazu brauchen Sie einen Bogen Papier etwa in der Größe 30 x 24,5 cm. Papierkanten mit doppelseitigem Klebefilm übereinanderkleben.

Mit Hilfe einer runden Schablone (Teller oder Deckel) zeichnen Sie einen Halbkreis auf das beigefarbene Papier und schneiden ihn aus. Drehen Sie ihn zu einer spitzen Tüte, die auf die Öffnung der Flaschenumhüllung paßt, und kleben Sie sie zu. Die Spitze und die Röhre an den beiden Nahtstellen mit Klebefilm zusammenkleben.

Eine weitere, kleinere Kreisscheibe aus dem blauen Papier herstellen, halbieren, zu einer Tüte formen und als Buntstiftspitze aufkleben.

Kerze

Schneiden Sie aus dem gelben Papier eine Flamme. Fixieren Sie ein kleines Flämmchen aus oran-

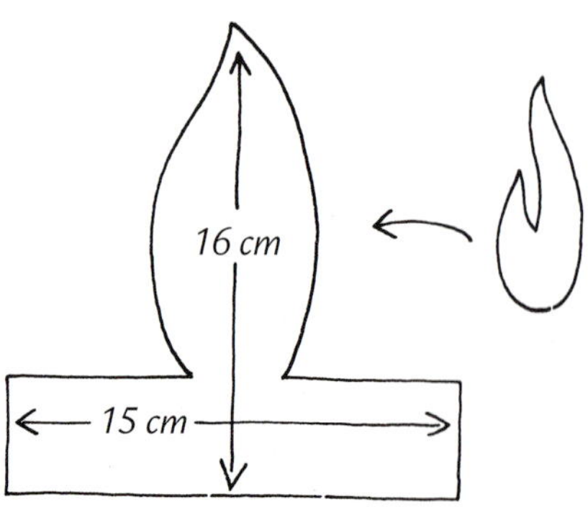

gefarbenem Papier darauf, und kleben Sie die Banderole um den Flaschenhals.

Aus dem orangefarbenen Papier eine etwa 30 x 30 cm große Umhüllung schneiden. Flasche darin einrollen und das Papier mit doppelseitigem Klebefilm fixieren.

Buntstiftpaket

Diese Verpackung ist schnell fertig und auch nach dem Auspacken noch nützlich.

Material

- *helles, unifarbenes Papier*
- *kleine Stifte*

So wird's gemacht

Das Geschenk einpacken und die Stifte mit transparentem Klebefilm rundherum aufkleben (Boden freilassen). Wenn Sie mögen, schreiben Sie noch Widmungen oder malen Blümchen, Herzchen oder Kringel auf.

Wein-flasche mit Anhang

Die schlichte Verpackung bekommt Pfiff durch die gelungene Mischung von Papier und Erdnüssen, die farblich perfekt zueinander passen.

Material

- *natürlich aussehendes Papier, z. B. Strohseidepapier*
- *fasriges Papier*
- *evtl. weißes Papier*
- *2-3 m Kordel*
- *Erdnüsse in Schalen*

So wird's gemacht

Flasche in Papier einschlagen. Ist das Geschenkpapier sehr transparent, wird die Flasche zuerst in weißes Papier verpackt.

Die Nüsse mit einem Doppelknoten an der Kordel befestigen. Am Anfang und Ende der Kordel genug Platz zum Zusammenknoten lassen. Die Erdnußkette von oben nach unten und wieder zurück um die Flasche wickeln. In einigen Abständen mit Klebefilm fixieren. Kordelenden oben zusammenknoten.

Natürlich Wein!

Diese Weinflasche ist mit kleinen Ästen getarnt. Wenn Sie es farbenfroher mögen, stecken Sie noch einige Blumen dazwischen. In jedem Fall eine fröhliche Verpackung mit wenig Aufwand.

Material

- *Packpapier*
- *dünner Draht*
- *Zange*
- *Äste oder einzelne Blätter*
- *evtl. Blumen*

So wird's gemacht

Verpacken Sie die Flasche im Packpapier.

Wickeln Sie den Draht von oben nach unten und wieder zurück spiralig um die Flasche. Die Enden zusammendrehen und Äste, Blätter oder Blumen hinter die Drahtschlaufen schieben.

Braut & Bräutigam

Was liegt näher, als die Flaschen, die zur Hochzeit verschenkt werden sollen, als klassisches Brautpaar zu verkleiden?

Material

- *je einen Bogen weißes und schwarzes Papier (Din A3)*
- *weißer Tüll oder Gardinenrest*
- *Pfeifenputzer oder Draht*
- *Schneidemesser*

So wird's gemacht

Braut
Flasche in weißes Papier einrollen und zukleben. Tüll oder Gardinenrest zusammenraffen und mit Draht oder Pfeifenputzer umwickeln. Diesen in die Öffnung der Rolle stecken.

Bräutigam
Suchen Sie sich eine Kreisschablone, die den Durchmesser der Flasche hat, und eine zweite, die etwa 5 cm größer ist. Damit zwei konzentrische Kreise auf das schwarze Papier zeichnen. Den äußeren Kreis mit einer Schere, den inneren Kreis mit einem Schneidemesser ausschneiden, so daß Ring und Scheibe unversehrt bleiben.

Das schwarze Papier passend für die Flasche zurechtschneiden. Flasche einrollen und zukleben. Die Kreisscheibe mit etwas Klebefilm als Hutdeckel aufkleben. Den Ring als Hutkrempe vorsichtig über den Zylinder streifen. Falls er nicht von allein hält, auf der Rückseite mit Klebefilm fixieren.

Farbenpracht – schnell gemacht

Diese Verpackung ist nicht nur schnell, sondern auch sehr einfach zu machen, sie sieht aber durch das bauschige Papier sehr prächtig aus. Außer für Flaschen eignet sie sich auch für kleine Päckchen.

Material

- *ca. 6 Bögen Seidenpapier in unterschiedlichen Farben*
- *Gummiring*
- *farblich passende Schleife*

So wird's gemacht

Legen Sie die Papierbögen versetzt übereinander, und stellen Sie die Flasche in die Mitte. Bogen für Bogen zum Flaschenhals nehmen und zusammendrücken. Den Gummiring über den letzten Papierbogen streifen, dann die Schleife darüberbinden. Vor der Übergabe des Geschenks zupfen Sie die Papierlagen noch ein bißchen auseinander.

Mit Schleife und Fächer

Die Verpackung ist leicht und schnell nachzuarbeiten, wirkt durch die Dekorationselemente aber dennoch üppig und festlich.

Material

- *Geschenkpapier*
- *ca. 2 m farblich passendes Band*

So wird's gemacht

Der Papierbogen sollte etwas breiter sein als der Umfang der Flasche und in der Höhe mindestens 14 cm über den Flaschenhals hinausragen. Flasche einrollen und Papier zukleben.

Überstehendes Papier oben falzen, ebenfalls zukleben und bis zum Flaschenhals fächerartig falten. Die Flasche auf die Mitte des Geschenkbandes stellen. Band beiderseits hochführen und oben vor dem Fächer zu einer Schleife binden. Die Enden werden dekorativ um das senkrecht nach oben geführte Band geschlungen.

Flasche mit einem Fächer

Eine elegante Verpackung, die kompliziert aussieht, aber einfach nachzuarbeiten ist.

Material

- *1 Bogen Geschenkpapier*
- *farblich passendes, breites Geschenkband*
- *Gummiring*

So wird's gemacht

Breiten Sie das Papier vor sich aus, und rollen Sie die Flasche von rechts ein. Markieren Sie, wieviel Papier Sie zum Einrollen benötigen.

Ziehen Sie eine Linie von der Ecke links unten bis zur Markierung. Papier entlang der Linie beschneiden und von der spitzen Ecke bis zur stumpfen Ecke zu einem Fächer knicken. Die Knicke sollten eine Tiefe von etwa 1 cm haben.

Den ungefächerten Teil des Papiers um die Flasche legen und festkleben. Am Flaschenboden wird der Fächer mit einem Gummiring oder mit Klebefilm an der Flasche fixiert. Darüber legen Sie ein Stück Geschenkband, das Sie auf der Rückseite mit Klebefilm befestigen.

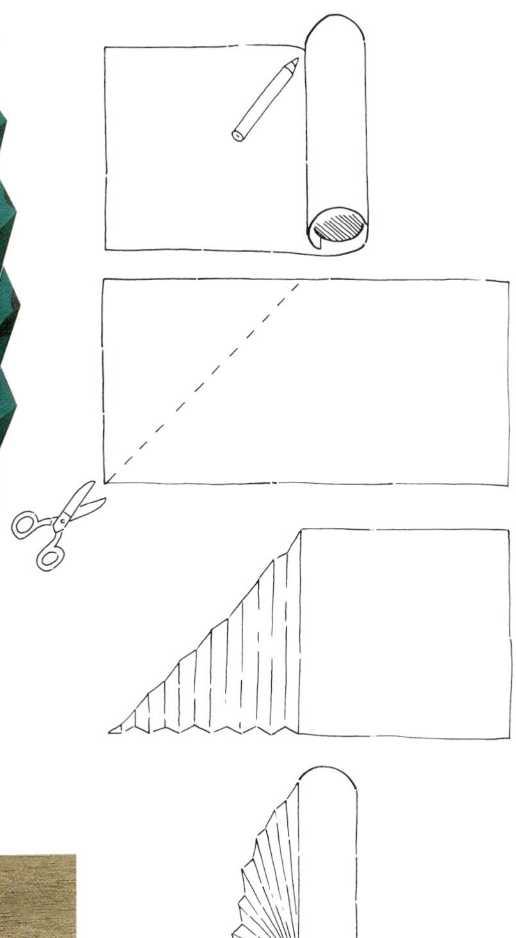

Flasche mit zwei Fächern

Diese Verpackung gewinnt ihren Reiz durch die Verwendung von beidseitig farbigem Papier.

Material

- *beidseitig farbiges Papier*
- *1 m farblich passendes, breites Geschenkband*
- *Gummiring*

So wird's gemacht

Bogen diagonal durchschneiden und den Umfang der Flasche so markieren wie bei der Flasche mit einem Fächer (siehe Seite 37) beschrieben. Markieren und Fächer knicken.

Kleben Sie die beiden Bögen mit einem Stück Klebefilm so übereinander, wie es die Zeichnung zeigt, und wickeln Sie die Flasche ein. Sollten die Fächer zum Schluß nicht gegenüberliegen, entrollen Sie die Flasche noch einmal und verschieben die Bögen. Haben die Fächer die richtige Position, fixieren Sie die Verpackung von außen mit Gummiband oder Klebefilm.

Zum Schluß binden Sie das Band um die Flasche und lassen es in einer Wellenschleife enden. Legen Sie dazu immer kleiner werdende Schlaufen, die Sie jeweils mit kleinen Stücken des doppelseitigen Klebefilm fixieren.

Tip

Einige Papiersorten lassen sich zur einen Richtung besser als zur anderen knicken. Ausprobieren!

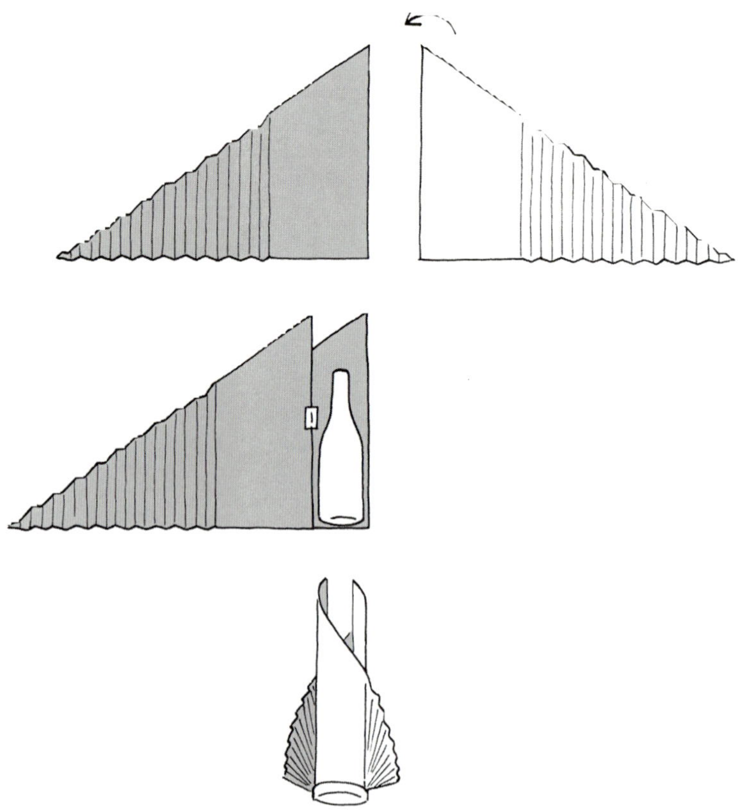

Wellenschleife

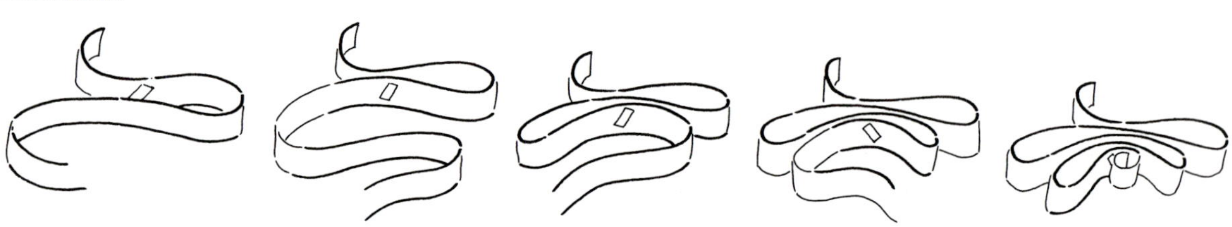

Bänder, Bänder

Haben Sie eine kleine Sammlung übriggebliebener Geschenkbänder in verschiedenen Längen? Hier ist eine Verpackungsidee, die gar nicht nach Resteverwertung aussieht.

Material

- *ca. 30 x 40 cm unifarbenes Geschenkpapier oder Folie*
- *doppelseitiger Klebefilm*
- *Reste von Geschenkbändern*

So wird's gemacht

Die Flasche so einpacken, daß das Papier über den Flaschenhals hinausragt. Flasche legen und das Papier oben zusammendrücken. Einmal knapp umschlagen und zukleben.

Je ein Stück doppelseitigen Klebefilm links und rechts auf die Kante legen. Die Bänder so auf den Klebefilm drücken, daß die Enden links und rechts weit heraushängen. Dann die Kante noch ein- bis dreimal zum Flaschenhals hin umgeknickt und mit doppelseitigem Klebefilm verdeckt fixiert.

Ringelband-Versammlung

Hier können Sie alle Ihre Bänderreste verwenden. Diese Verpackung wirkt besonders gut bei größeren und höheren Paketen.

Material

- *unifarbenes Papier*
- *Ringelband in verschiedenen Farben*

So wird's gemacht

Packen Sie das Geschenk in Papier. Binden Sie beliebig viele Ringelbänder um das Paket, und verknoten Sie sie auf der Oberseite.

Die Knoten in der Mitte zu einer Linie zusammenschieben. Bänder mit einem Messerrücken leicht kringeln.

Bunte Bänderreste

Gehören Sie auch zu denen, die die Ringelbändchen von ausgepackten Geschenken aufheben? Hier finden Sie eine Möglichkeit, mit diesen Resten ein neues Geschenk zu dekorieren.

Material

- *Seidenpapier*
- *Bänderreste*
- *Federn*
- *doppelseitiger Klebefilm*

So wird's gemacht

Das Seidenpapier sollte etwa doppelt so lang sein wie das Geschenk. Plazieren Sie das Geschenk so darauf, daß das Papier links nur so weit übersteht, daß es zum Verschließen reicht, und der größte Teil rechts übersteht.

Oben normal zukleben, unten die Ecken etwas zusammenknicken und mit doppelseitigem Klebefilm versehen. Darauf kleben Sie die Bänder und Federn.

Kante umknicken und die obere Papierseite vollständig umschlagen. Auf der Paketoberseite festkleben.

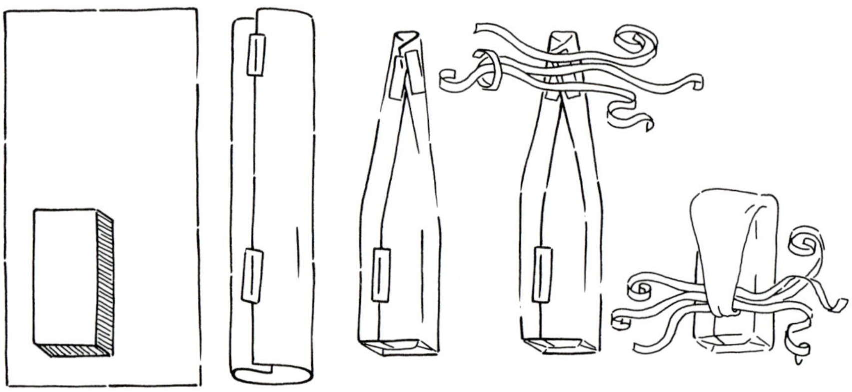

Frisch gezopft!

Eine Verpackung für fröhliche Anlässe. Mit bunter Wolle können Sie es noch verrückter treiben.

Material

- *möglichst dicke Wollreste*
- *einfache Wellpappe oder farbige Bastelwellpappe*
- *farblich passendes Geschenkband*
- *doppelseitiger Klebefilm*

So wird's gemacht

Schneiden Sie die Wellpappe so zurecht, daß sie in Umfang und Höhe genau die Flasche umschließt. Mit doppelseitigem Klebefilm an die Flasche kleben.

Aus der Wolle flechten Sie einen Zopf, dessen Länge ungefähr der Höhe der Flasche entspricht. Die Zopfenden mit Wolle zusammenbinden, dabei in das eine Ende zusätzliche Wollfäden einbinden, um einen dichten Pony zu erhalten. Das andere Ende mit einer Schleife aus Geschenkband schmücken.

Den Zopf so in die Öffnung des Wellpapp-Zylinders legen, daß die Ponyfransen locker über den Rand fallen.

Da ist was drin!

Auch bei dieser Variante können Sie sich für die farbenfrohe Bastelwellpappe oder das preiswerte, graubraune Verpackungsmaterial entscheiden. Der Witz liegt in jedem Fall in der mit eingerollter Pappe verschlossenen Öffnung. Ganz schnell und einfach zu machen.

Material

- *Wellpappe*
- *doppelseitiger Klebefilm*

So wird's gemacht

Ein Stück Wellpappe so zurechtschneiden, daß es im Umfang genau um die Flasche paßt und etwa 5 cm über den Flaschenhals hinausragt. Mit doppelseitigem Klebefilm an der Flasche festkleben.

Einen schmalen Streifen Wellpappe zusammenrollen, bis die Rolle so dick ist, daß sie genau in die Öffnung der zylindrischen Verpackung paßt. Das Innere der Rolle ein wenig herausdrücken und in dieser Stellung mit Klebefilm fixieren. Den fertigen Verschluß oben in die Öffnung legen.

Zickzack-Locken

Auch ohne passendes Band können Sie ein Geschenk farbenfroh verpacken. Für diese beiden Variationen benötigen Sie nur schönes zweifarbiges Papier.

Material

gelbgrüne Variante
- *1-2 Bögen doppelseitig farbiges Tonpapier*
- *Klebstoff oder doppelseitiger Klebefilm*

blaurote Variante
- *doppelseitig farbiges Papier*

So wird's gemacht

Gelbgrüne Variante
Diese Verpackung besteht aus zwei Teilen. Zuerst wird die Flasche in Papier gewickelt. Schneiden Sie dafür das Papier so zurecht, daß es etwas breiter als der Umfang der Flasche ist, und in der Höhe etwa 7 bis 10 cm über den Flaschenhals hinausragt. Seitlich und oben zukleben.

Für die Dekoration benötigen Sie ein Stück vom gleichen Papier mit den Maßen 13 x 40 cm. Die Maße können variieren, die Schmalseite sollte aber der Breite der zugeklebten Flaschenverpackung entspre-

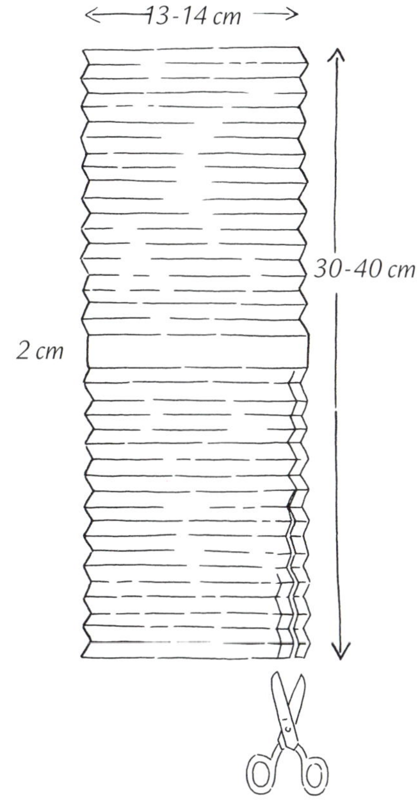

chen. Papierstreifen von beiden Seiten wie eine Ziehharmonika zur Mitte falzen. Dort bleiben 2 cm glatt. Bis zu diesem 2 cm breiten Streifen die gefalzten Seiten einschneiden.

Die Dekoration mit Klebstoff oder doppelseitigem Klebefilm auf den Rand der Flaschenverpackung kleben.

Blaurote Variante
Schneiden Sie das Papier so zurecht, daß es mindestens einmal ganz um die Flasche herumpaßt und weit über den Flaschenhals hinausragt. Markieren Sie die Höhe der Flasche, und falzen Sie das Papier bis zu dieser Markierung wie eine Ziehharmonika. Gefalztes Papier in etwa 1 cm breite Streifen schneiden, Flasche einwickeln und zukleben.

Blumenkorb

Bei dieser japanisch inspirierten Technik ragt das Verpackungsmaterial oben weit über das Geschenk hinaus und wird über diesem zusammengenommen. Diese Verpackung eignet sich besonders für ein kleines, flaches Geschenk.

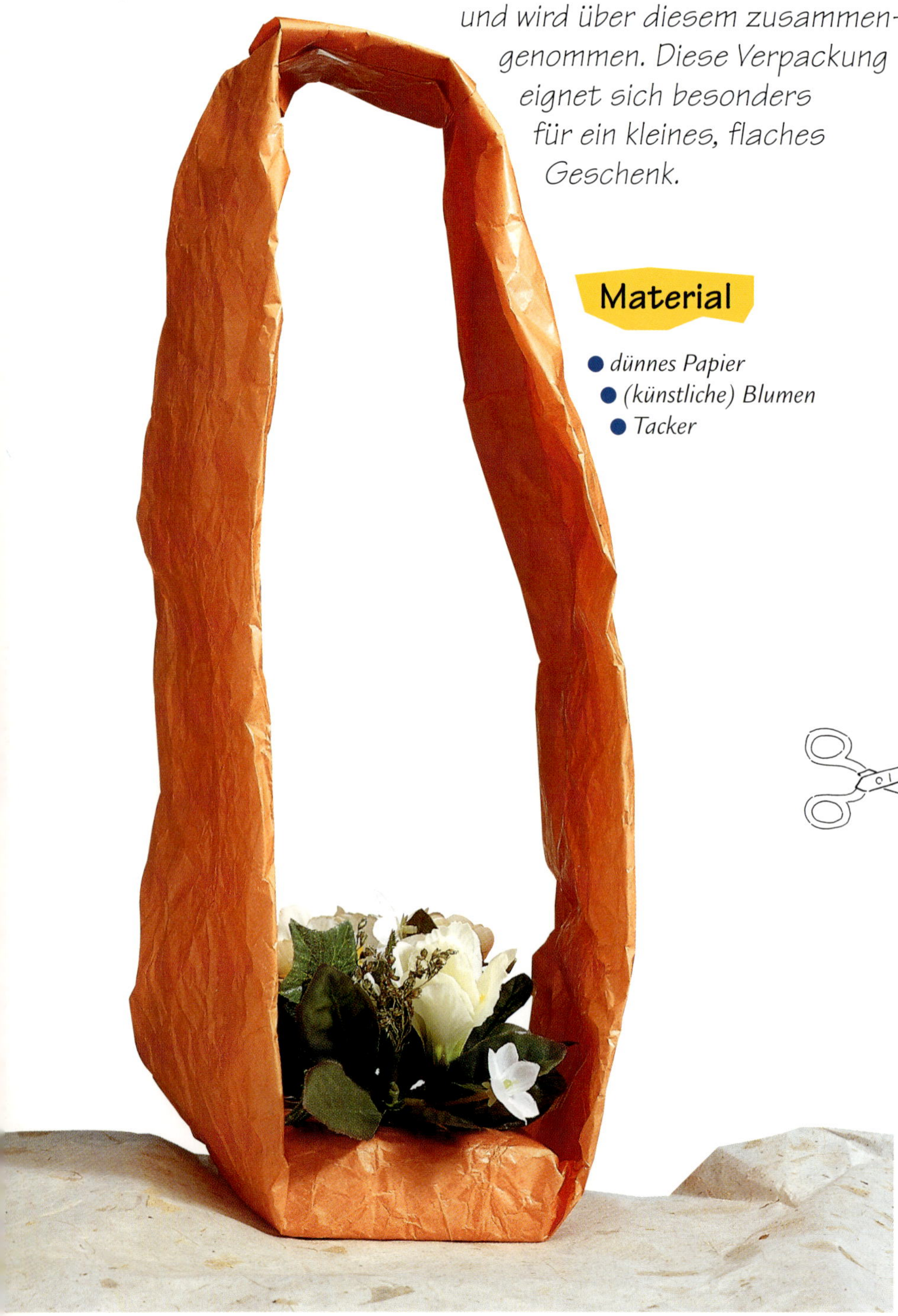

Material

- *dünnes Papier*
- *(künstliche) Blumen*
- *Tacker*

So wird's gemacht

Papier knüllen und wieder glattstreichen. Den Papierbogen so zurechtschneiden, daß er links und rechts sehr weit über das Geschenk hinausragt. Plazieren Sie das Geschenk in der Mitte des ausgebreitenen Papiers, und schneiden Sie überschüssiges Papier ab.

Papier der Länge nach zusammenlegen und über dem Geschenk und seitlich mit Klebefilm fixieren. Die Enden links und rechts etwas übereinanderschlagen, so daß sie schmal zulaufen.

Die beiden Enden über dem Geschenk zusammennehmen und mit dem Tacker oder Klebefilm zusammenhalten, so daß sich ein Henkel ergibt. Einen Papierrest über die Nahtstelle kleben. Setzen Sie die Blumen auf das Geschenk, und transportieren Sie es (vorsichtig!) wie einen Korb.

Rosa Nelke

Auch wenn sie nicht duftet, sondern raschelt, zieht diese riesengroße Nelke alle Aufmerksamkeit auf sich. Ton-in-Ton-Kombinationen wirken besonders edel, Farbkontraste setzen Akzente.

Material

- *einfaches weißes Papier*
- *Seidenpapier*
- *farblich passende Serviette*
- *Pfeifenputzer oder Draht*
- *doppelseitiger Klebefilm*

So wird's gemacht

Wie immer bei durchsichtigem Seidenpapier, sollte das Geschenk zuerst in weißes Papier gewickelt werden. Breiten Sie dann das Seidenpapier vor sich aus, und plazieren Sie das Geschenk in der Mitte.

Schneiden Sie das Papier so zurecht, daß es oben und unten knapp über das Geschenk reicht. Links und rechts sollte es so weit darüber hinausragen, daß sich die beiden Seitenteile in der Mitte des

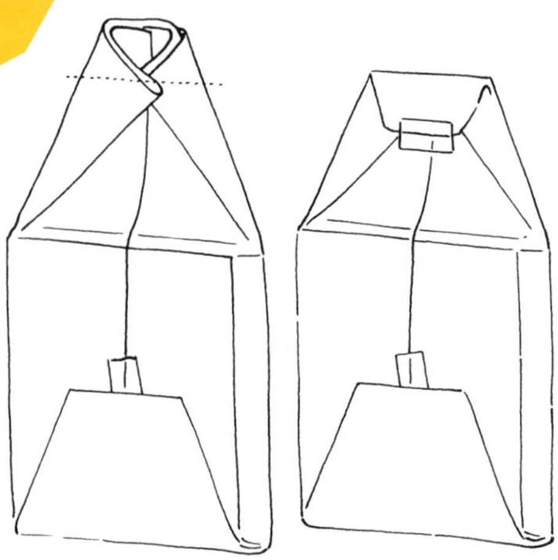

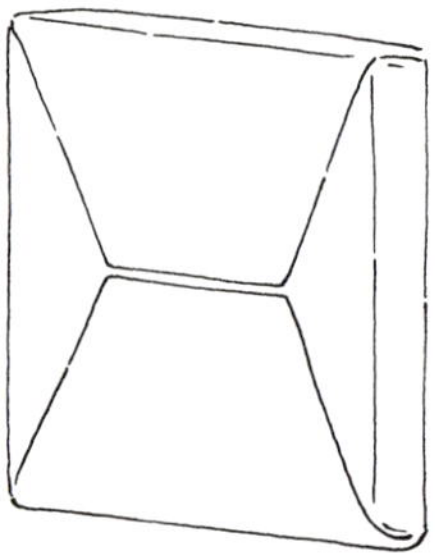

Geschenks überlappen. Papier oben und unten umschlagen und mit Klebefilm zukleben.

Die überstehenden Enden so zusammenfalten, daß sie ein wenig zusammenlaufen und sich über dem Paket berühren. Mit doppelseitigem Klebefilm verdeckt fixieren.

Fertigen Sie eine farblich passende Nelke (siehe Seite 10/11), die Sie mit doppelseitigem Klebefilm auf dem Seidenpapier befestigen.

Tip

Wenn Sie das Seidenpapier doppelt nehmen, wirkt die Farbe kräftiger.

Doppelschleife

Dieses Geschenk besteht aus einem flachen Teil, vielleicht einem Buch, und einer zusätzlichen Kleinigkeit, die separat verpackt wird.

Material

- *1-2 Bögen Bananenpapier*
- *kleiner Bogen Bananenpapier in einer anderen Farbe*
- *doppelseitiger Klebefilm*

So wird's gemacht

Verpacken Sie zunächst das flache Geschenk. Schneiden Sie dann aus dem gleichen Papier für das kleine Geschenk ein passendes Stück zu, das seitlich weit überstehen sollte. Papier der Länge nach zukleben und die Enden übereinanderschlagen (siehe Zeichnung Seite 48).

Aus andersfarbigem Papier eine Schleife in passender Größe arbeiten und quer aufkleben.

Das kleine Geschenk auf das flache Paket legen und eventuell mit doppelseitigem Klebefilm fixieren. Fertigen Sie zur Dekoration beliebig viele Papierschleifen, die Sie auf das Geschenk kleben.

Papierschleife

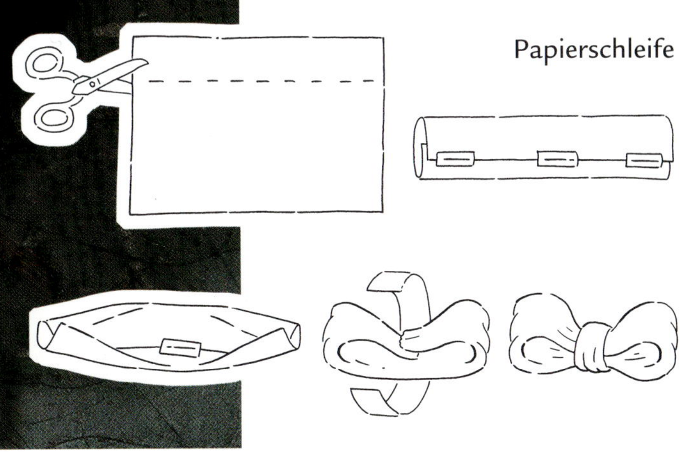

Eingemachtes

Wenn das keine praktische Verpackung ist: wiederverwendbar, stabil für zerbrechliche Geschenke und auch noch schön anzusehen!

Material

- *Einmachglas*
- *Seidenpapier*
- *bunte Holzperlen*
- *2 m Geschenkband*

So wird's gemacht

Das Geschenk auf die Mitte des Seidenpapiers legen und beides zusammen so ins Glas legen, daß die vier Zipfel des Papiers herausschauen. Mit Hilfe eines Löffelstiels die Perlen rundherum zwischen Papier und Glas kullern lassen.

Ein nicht zu kleines Stück Papier obenauf legen und den Deckel schließen. Stellen Sie das gefüllte Glas auf ein ausreichend langes Geschenkband, das Sie seitlich hochführen und über dem Deckel mit einigen einfachen Schleifen schließen.

Streublumen auf grünem Tüll

Wer es weniger grell mag, nimmt zurückhaltendere Farben beim Papier und Tüll. In jedem Fall sollten Sie Geschenkpapier aussuchen, dessen Motive sich leicht ausschneiden lassen.

Material

- *1-2 Bögen gemustertes Geschenkpapier*
- *farblich passender Tüll*
- *doppelseitiger Klebefilm*
- *schmaler Tüllstreifen in einer Kontrastfarbe*

So wird's gemacht

Einen Bogen des Geschenkpapiers zurechtschneiden und das Geschenk darin einpacken. Aus dem Rest oder dem zweiten Bogen einige Elemente (hier: Blumen) ausschneiden.

Paket in die Mitte des Tülls setzen, die vier Ecken zusammennehmen und mit einer Schleife aus andersfarbigem Tüll zubinden. Die ausgeschnittenen Details mit doppelseitigem Klebefilm auf den Tüll kleben.

Farbspiele

Mit einigen Geschenkpapierrollen der gleichen Papiersorte in verschiedenen Farben haben Sie keine Schwierigkeiten, Geschenke zu verpacken, auch wenn's mal schnell gehen muß. Hier sehen Sie drei Beispiele, die sich endlos ergänzen ließen: durch andere geometrische Elemente wie Dreieck, Quadrat oder Raute, durch Buchstaben, Zahlen, Blumen, Figuren und vieles mehr.

Material

- *jeweils 2 unterschiedliche, unifarbene Papiere*
- *Klebstoff*

So wird's gemacht

Beide Papierstücke an einer geraden Kante zusammmenkleben, Geschenk in die Mitte auf die Klebenaht setzen und das Papier passend schneiden. Einpacken und mit Klebefilm zukleben.

Aus dem restlichen Papier schneiden Sie Dekorationen nach Ihrem Geschmack aus und kleben sie auf das Paket. Drei Vorschläge:

Halbkreise
Mit Hilfe eines runden Gegenstandes zwei Kreisscheiben ausschneiden, in der Mitte knicken und durchschneiden.

Kleeblatt
Ein Papierquadrat dreimal falten (siehe Zeichnung). Die Ecken beschneiden und das Papier wieder auffalten.

Herz
Motiv auf der Rückseite des Papiers mit Bleistift vorzeichnen und ausschneiden.

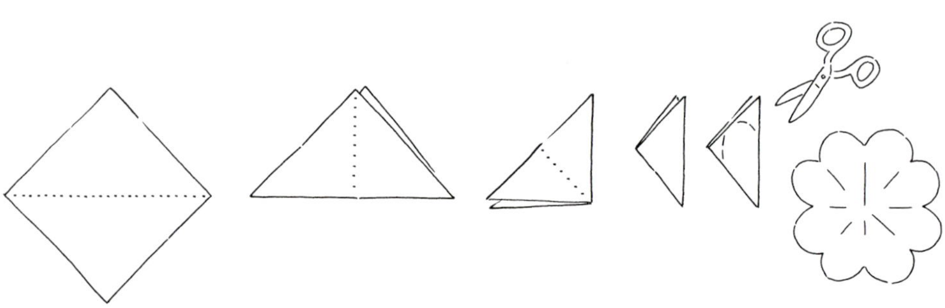

Löwe

Für diese Verpackung brauchen Sie etwas Geduld, aber die Mühe lohnt sich, denn die Löwenverpackung kann mehrmals verwendet werden und eignet sich auch als Spielzeug.

Material

- *leere, runde Dose (Kaffeedose)*
- *dünne Pappe*
- *2 Din A 4 Bogen goldgelbes Papier*
- *evtl. weißes Papier*
- *brauner Papierrest*
- *braune Wolle*
- *starker Klebstoff*
- *brauner oder schwarzer Filzstift*
- *doppelseitiger Klebefilm*

So wird's gemacht

Zuerst bekleben Sie die Dose mit gelbem Papier. Falls das zu transparent ist, Dose vorher in weißes Papier hüllen.

Im nächsten Schritt wird das Gesicht gefertigt. Schneiden Sie jeweils zwei Kreisscheiben aus dem gelben Papier und aus der Pappe. Nehmen Sie dazu den Deckel der Dose als Schablone. Ohren, Augen, Pupillen und

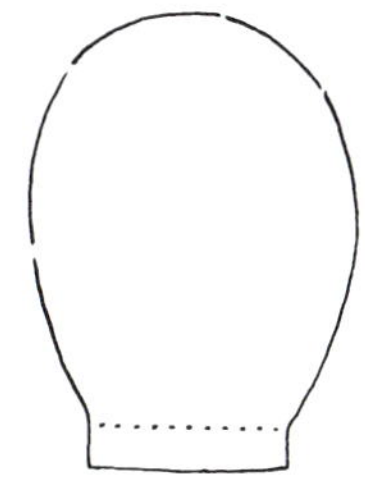

Ohren
2 x aus gelbem Papier

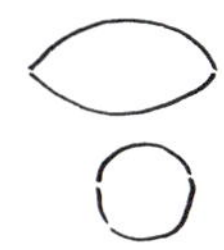

Augen
2 x aus braunem Papier
2 x aus gelbem Papier

Schnauze
1 x aus braunem Papier

Schnauze auf braunes bzw. gelbes Papier zeichnen (siehe Zeichnung), ausschneiden und auf eine der beiden gelben Pappscheiben kleben. Mit dem Filzstift Akzente setzen.

Für die Mähne schneiden Sie 7 cm lange Wollfäden zurecht und kleben sie zusammen mit den Ohren auf den Rand einer Pappscheibe. Die zweite Pappscheibe darüberkleben und die bemalte gelbe Scheibe obenauf kleben. Das fertige Löwengesicht mit doppelseitigem Klebefilm auf dem Dosendeckel fixieren.

Für den Schwanz drehen Sie je nach Stärke der Wolle ein oder zwei Fäden, bis sie sich verzwirbeln und knoten einige Wollfäden als Quaste daran. Das andere Ende des Schwanzes an den Dosenboden kleben und mit der zweiten gelben Scheibe überkleben.

Zum Schluß verschluckt der Löwe das Geschenk und wird mit dem Deckel verschlossen.

Österlich verpackt

Hier geben echte Eierschalen aus der Küche den besonderen Pfiff. Die Grundidee läßt sich leicht verändern und ergänzen, und auch Küken, Blüten oder bunte Ostereier passen gut ins grüne Nest.

Material

- *grünes Tonpapier oder österliches Geschenkpapier*
- *Ostergras*
- *Dekorationsküken*
- *saubere Eierschalen*
- *evtl. Ostereier zur Dekoration*
- *doppelseitiger Klebefilm*

So wird's gemacht

Das Geschenk in Papier einpacken. Ostergras zurechtzupfen und mit Klebefilm auf dem Geschenk fixieren.

Dekorationselemente arrangieren und ebenfalls mit Klebefilm anbringen.

Geschenk für Kuhfans

Das Foto zeigt die Imitation eines Kuhfells. Nach demgleichen Prinzip können Sie andere »tierische« Verpackungen herstellen: Dalmatiner (weißer Grund, unregelmäßige schwarze Punkte), Tiger (ockerfarbener Grund, darüber ausgerissene Streifen aus dunkelbraunem Papier), Zebra (weißer Grund, aus schwarzem Papier gerissene Streifen). Auf großen Paketen wirken die Muster am schönsten.

Material

- *großer Bogen weißes Papier (z.B. Plakatrückseite)*
- *schwarzes Papier*
- *ca. 2 m Seil*
- *evtl. Glöckchen*
- *Klebstoff*
- *Nähseide*

So wird's gemacht

Packen Sie das Geschenk in weißes Papier. Aus schwarzem Papier viele verschiedene Punkte oder Flecken ausschneiden und aufkleben. Zum Schluß mit dem Seil verschnüren.

Wenn Sie jetzt noch eine kleine Glocke mit dünner Nähseide an das Seil binden, ist das Geschenk nicht nur schön anzusehen, sondern auch zu hören!

Busch-trommel

Mit diesem farbenfrohen Instrument kann der oder die Beschenkte alle Gäste zusammentrommeln!

Material

- *leere, runde Dose (Kaffee)*
- *Kreisschablone, die 10 cm größer ist als der Dosendeckel*
- *ockerfarbenes Tonpapier*
- *bunte Tonpapierreste*
- *dünne Kordel (6,50 m für eine große Trommel)*
- *brauner Bastelfilz, Stoffrest oder Leder*
- *Locher*

So wird's gemacht

Dose mit dem Geschenk füllen und verschließen, dann mit ockerfarbenem Papier bekleben.

Für die Bordüren schmale Papierstreifen schneiden, deren Länge dem Umfang der Dose entspricht. Daraus kleine Ziehharmonikas falten und einfache Elemente wie Dreiecke, Rechtecke oder Halbkreise herausschneiden. Zieht man das Papier auseinander, ergeben sich Zackenmuster, Meander oder Wellenlinie. Kleben Sie die Bordüren so auf die Trommel, daß der Anstoß jeweils dort liegt, wo auch die Nahtstelle des ockerfarbenen Papiers ist.

Zeichnen Sie mit Hilfe der Schablone zwei Kreisscheiben auf Filz, Stoff oder Leder. Scheiben ausschneiden und rundherum mit Löchern versehen. Die Löcher sollten etwa 4 cm Abstand haben.

Stellen Sie die Dose auf den einen Filz, und legen Sie den anderen obenauf. Zum Beschweren einige Bücher darauflegen. Schneiden Sie ein Stück Kordel in ausreichender Länge zurecht, und schnüren Sie die beiden Trommelfelle damit zusammen. Auf der Rückseite beginnen und enden.

1001 Geschenkpäckchen

Wer so reich beschenkt wird, kann sicher sein, gemocht zu werden! Je mehr Päckchen Sie an das Geschenk hängen, umso aufwendiger ist diese Verpackungsidee. Die bunte Vielfalt wirkt am besten, wenn Sie das eigentliche Geschenk in dunkles Papier einschlagen und für die Päckchen möglichst unifarbenes Papier verwenden.

Material

- *schwarzes Papier*
- *viele bunte Papierreste*
- *Styropor oder kleine Schachteln*
- *schwarze Kordel*
- *Schneidemesser*

So wird's gemacht

Mit einem Schneidemesser aus dem Styropor kleine Quader und Würfel schneiden und mit buntem Papier verpacken. Falls vorhanden auch die Schachteln verpacken. Mit Kordel zubinden und an das schwarz verpackte Geschenk knoten.

Bleistiftpaket

Noch eine Verpackung für Leute mit Sinn fürs Praktische: Eine Handvoll Bleistifte machen sich immer nützlich.

Material

- *unifarbenes Geschenkpapier*
- *doppelseitiger Klebefilm*
- *Bleistifte*
- *Geschenkband*
- *Tacker*

So wird's gemacht

Geschenk in das Papier hüllen und zukleben. Bleistifte mit doppelseitigem Klebefilm darauf befestigen.

Für die üppige Papierschleife Reste des Geschenkpapiers in Streifen schneiden und über einen Messerrücken ziehen, damit sie sich kringeln. Alle Streifen in der Mitte zusammennehmen und tackern. Die Papierschleife mit einer Schleife aus Geschenkband befestigen.

Vornehmer Besuch

In dieser Verpackungsidee steckt eine runde, hohe Dose, die sich eignet, um Süßigkeiten oder Selbstgebackenes zu verschenken.

Material

- *runde Dose (Kaffee)*
- *geblümtes Geschenkpapier*
- *weißes oder rosafarbenes Papier*
- *rotes Papier*
- *Kreisschablone*
- *Bleistift*
- *roter Filzstift*
- *Kräuselband oder/und schwarzes Tonpapier*

So wird's gemacht

Als Hutkrempe eine Kreisscheibe ausschneiden. Ein Teller dient dabei als Schablone. Zur Verstärkung eventuell eine gleichgroße Kreisscheibe aus Tonpapier aufkleben.

Dose in die Mitte der Kreisscheibe stellen und mit Bleistift den unteren Rand umfahren. Entlang dieser Linie ausschneiden, dabei vier Laschen zum Festkleben stehenlassen.

Dose mit weißem oder rosafarbenem Papier bekleben, Augen und Nase aufzeichnen. Mund aus rotem Papier ausschneiden, aufkleben und umranden. Die Hutkrempe vorsichtig über die Dose ziehen. Passende Papierstücke für den Hut zurechtschneiden und aufkleben.

Für die Lockenpracht entweder Kräuselband auf ein passendes Stück Klebefilm drücken und als Haare unter die Krempe kleben oder ein Stück schwarzes Tonpapier wie einen Kamm einschneiden und die Streifen vorsichtig über einen Messerkamm ziehen. Die Lady auf dem Foto hat Locken aus beiden Materialien bekommen.

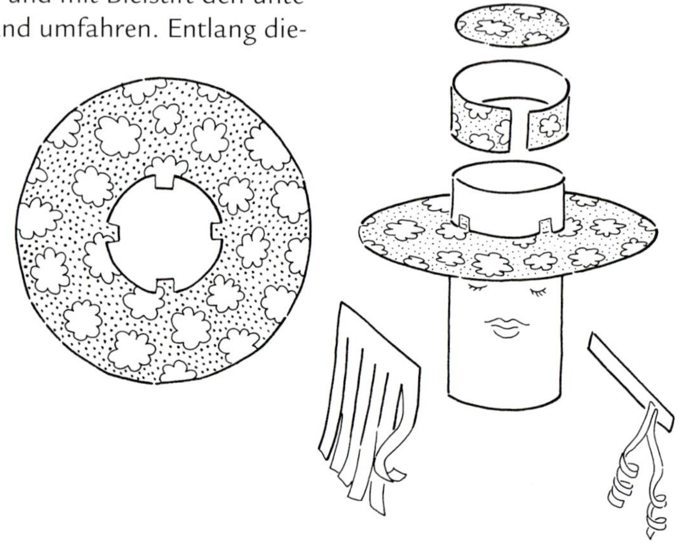

Wassermann

Was mag sich unter dieser Lockenpracht verstecken? Hier ist es eine Kerze. Eine witzige Verpackungsidee für längliche Geschenke.

Material

- *grüne Wolle*
- *schwarze und grüne Tonpapierreste*
- *transparentes Papier*
- *schwarzer Filzstift*
- *Schaschlikspieß*
- *doppelseitiger Klebefilm*

So wird's gemacht

Für die Perücke die grüne Wolle über ein Taschenbuch wickeln, mit einem Stück Wolle zusammenbinden und den Wollring auf der gegenüberliegenden Seite aufschneiden. Die Perücke mit doppelseitigem Klebefilm an der Kerze festkleben.

Dreispitz nach der Vorlage zweimal ausschneiden, zusammenkleben, indem Sie den Holzspieß zur Verstärkung mit einbetten.

Arme mit Filzstift zweimal auf das grüne Papier zeichnen und ausschneiden. Achtung: Ein Arm muß seitenverkehrt aufgezeichnet werden (siehe auch die Hinweise zum Abpausen auf Seite 8). Arme und Dreispitz mit doppelseitigem Klebefilm auf die Kerze kleben.

Tip

Farblich weniger gut passende Geschenke verpacken Sie zunächst in helles Papier, bevor Sie den Wassermann ausarbeiten.

Graurosa Seidenschal

Geschenke, die in Schals, Halstücher oder Kopftücher verpackt sind, erfreuen gleich doppelt: Sie sind besonders originell, und das edle Verpackungsmaterial ist ein willkommenes Accessoire für die Garderobe.

Material

- *großes, quadratisches Tuch*
- *farblich passende Bänder*

So wird's gemacht

Legen Sie das Tuch so vor sich, daß eine Spitze zu Ihnen zeigt, und plazieren Sie das Geschenk in die Mitte.

Die vordere und hintere Ecke des Tuches über das Geschenk legen. Die rechte und linke Ecke jeweils zu zwei Strängen drehen und über den zusammengelegten Ecken verknoten. Über den Knoten binden Sie einige einfache Schleifen aus verschiedenen Geschenkbändern.

Seidenblume

Die Nelke entfaltet ihre Wirkung besonders gut auf einem unifarbenen, schimmernden Stoff.

Material

- *Seidenschal oder Tuch*
- *Serviette*
- *Pfeifenputzer oder Draht*

So wird's gemacht

Basteln Sie aus der Serviette eine Nelke (siehe Seite 10/11).

Breiten Sie das Tuch so vor sich aus, daß eine Seite parallel zur Tischkante liegt. Das Geschenk in die Mitte setzen und von oben und unten mit den Stoffseiten einwickeln.

Die links und rechts überstehenden Stoffrollen über dem Paket zusammennehmen und mit dem Stiel der Serviettennelke fixieren.

Ton in Ton

Die Kugeln und das glitzernde Band geben der Verpackung eine weihnachtliche Anmutung. Je nach Anlaß und Jahreszeit können Sie die Dekoration abwandeln.

Material

- *quadratisches oder rechteckiges Tuch*
- *Bindfaden*
- *ca. 2 m farblich passendes, drahtverstärktes Band*
- *passende Christbaumkugeln*

So wird's gemacht

Das Geschenk (hier in einer runden Kaffeedose verpackt) wird auf die Mitte des ausgebreiteten Tuches gesetzt. Die vier Ecken hochnehmen und über dem Geschenk mit Bindfaden zusammenbinden.

Mit Bindfaden werden auch die Kugeln angebracht. Zum Schluß binden Sie einige Schleifen übereinander an die Stoffzipfel und biegen die Bandenden zu Spiralen.

Seidenschal mit Goldbemalung

Einfach, aber effektvoll! So kommt die schöne Seidenmalerei bestens zur Geltung.

Material

- *quadratisches Seidentuch*
- *goldene Geschenkkordel*

So wird's gemacht

Wickeln Sie das Geschenk ein, wie beim »Graurosa Seidenschal« (siehe Seite 67) beschrieben, plazieren Sie das Paket jedoch hochkant, damit mehr von dem schönen Tuch zur Geltung kommt.

Die Stoffenden werden nicht verknotet, sondern über der Mitte zusammengelegt.

Den Goldfaden in der Mitte mehrmals um das Geschenk wickeln und oben zubinden.

Nützliches Tuch mit edler Schleife

Man muß schon zweimal hinschauen, um zu erkennen, worin sich dieses Geschenk versteckt. Die üppigen Schleifen bringen einen Hauch von Luxus ins Spiel.

Material

- *Trockentuch*
- *2 farblich passende, drahtverstärkte Bänder (für ein kleines Paket jeweils ca. 1,50 m)*

So wird's gemacht

Wickeln Sie das Geschenk in das Trockentuch. Binden Sie ein Band quer, das andere längs über das Geschenk. Plazieren Sie die erste Schleife oben links, die zweite Schleife unten rechts, so entfalten sie am schönsten ihre Wirkung.

Zwei im siebten Himmel

Die passende Verpackungsidee für ein Geschenk zu Verlobung, Hochzeit oder Ehejubiläum.

Material

- *unifarbenes Papier*
- *farblich passendes Geschenkband*
- *(Kunst)blumenstrauß*
- *2 Puppenstubenfiguren*

So wird's gemacht

Das Geschenk einpacken. Blumenstrauß und Puppenpaar obenauf legen und mit Geschenkband dekorieren. Hier wurde eine Singleschleife (siehe Seite 14/15) aus grünem, transparentem, drahtverstärktem Geschenkband mit einem blauen Seidenband festgebunden.

Früchtekorb

Wer sagt, daß Geschenke durch ihre Verpackung immer versteckt sein müssen? Hier sind Geschenk und offene Verpackung eine Einheit geworden.

Material

- *Korb mit Delikatessen oder Früchten*
- *Tuch zum Auslegen des Korbs*
- *drahtverstärktes Geschenkband*
- *passende Fotokarte*

So wird's gemacht

Das Geschenkband über dem gefüllten Korb mit einer doppelten Schleife zusammenbinden und mit der Karte dekorieren.

Blumentopf mit Wellenschleife

Wenn ein Geschenk Luft braucht, wie zum Beispiel eine Pflanze, kommt nur eine luftige Verpackung in Frage. Kein Papier kann schöner sein als die Pflanze selbst, und einige Schleifen machen sie zum Geschenk.

Material

- *Topfpflanze mit Papiermanschette*
- *weißer Tüll*
- *dünner Draht oder weiße Nähseide*
- *drahtverstärktes Geschenkband*
- *glattes, farblich passendes Seidenband*
- *Tacker*

So wird's gemacht

Schneiden Sie den Tüll in etwa 7 x 30 cm lange Streifen. Für eine kleine Pflanze benötigen Sie etwa sechs Stück. Legen Sie aus diesen Streifen Schleifen ohne Knoten, die Sie mit Nähseide oder dünnem Draht fixieren (siehe links). Der Draht oder Faden, der die Schleife hält, dient auch zur Befestigung an der Pflanze.

Für die Dekoration der Manschette fertigen Sie zunächst eine mehrfache Wellenschleife aus drahtverstärktem Geschenkband. Beginnen Sie mit der kleinsten, mittigen Schlaufe, und lassen Sie die folgenden Schlaufen immer größer werden. Die Wellenschleife wird mit einem Tacker zusammengehalten. Legen Sie zu dem Zweck die mittige Schlaufe groß genug, um den Tacker einzuführen.

Ein kurzes Stück des glatten Seidenbandes durch die Mittelschlaufe der Wellenschleife führen und auf der Rückseite mit Klebefilm schließen. Quer zu dieser kleinen Schlaufe auf der Rückseite der Wellenschleife ein langes Stück des glatten Seidenbandes durchziehen, um den Topf herumführen und auf der Rückseite mit Klebefilm schließen.

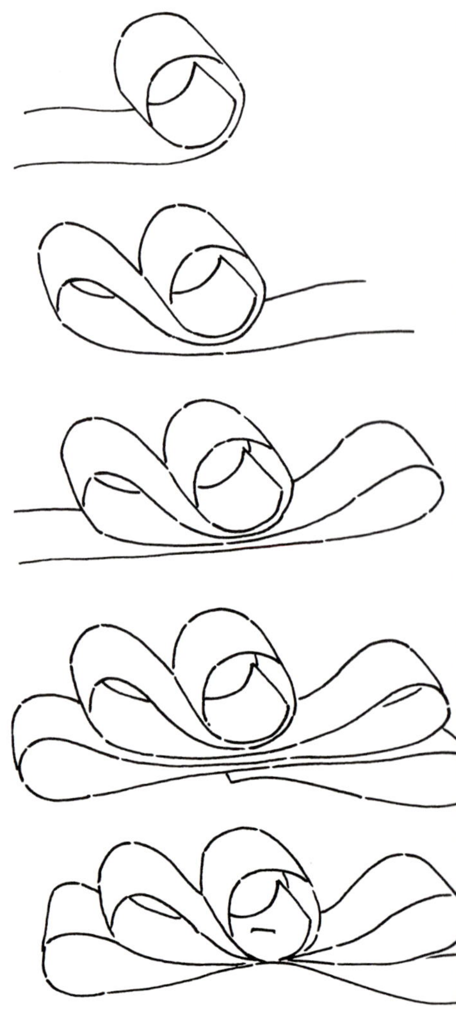

Flasche im Federkleid

Wenn Champagner verschenkt wird, darf auch die Verpackung ein bißchen mondän aussehen…

Material

- *ca. 4 m Geschenkband (2-3 cm breit)*
- *weiche Federn*
- *doppelseitiger Klebefilm*

So wird's gemacht

Kleben Sie ein Ende des Bandes am unteren Rand der Flasche (nicht am Flaschenboden!) fest, und wickeln Sie es spiralig nach oben bis zum Flaschenhals. Fassen Sie dabei einige Federn mit ein.

Da es nicht möglich ist, das Band ohne Falten bis oben zu winden und die Flasche lückenlos zu bedecken, am Flaschenhals viele Federn einwickeln, die die nackten Stellen umspielen.

Zum Schluß lassen Sie das restliche Band in einer kleinen Wellenschleife enden. Legen Sie dazu immer kleiner werdende Schlaufen, die Sie jeweils mit kleinen Stücken des doppelseitigen Klebefilm fixieren (siehe »Flasche mit zwei Fächern« Seite 38).

Geschenk-Transport

Eine Verpackungsidee für viele kleine Geschenke, etwa Spielsteine oder auch Süßigkeiten.

Material

- *größerer Karton*
- *kleinerer Karton*
- *unifarbenes Papier*
- *Tonpapierreste*
- *Klebstoff*
- *Pappe*
- *passende Zeitungsausschnitte*
- *evtl. 6 gleichgroße Knöpfe*

So wird's gemacht

Geschenke in den Schachteln verstauen und, falls nötig, mit Zeitungspapier auspolstern. Beide Schachteln in Papier packen. Zeitungsausschnitte und Wagenfenster aus Tonpapier aufkleben.

Aus Pappe einige Streifen in der Breite der Schachteln zuschneiden und als Achsen auf die Unterseite des LKW kleben, so daß er etwas Abstand zum Untergrund bekommt. Kleben Sie die Räder so an, daß sie nicht belastet werden.

Tip

Anstelle der Knöpfe können Sie auch passende Kreisscheiben aus Pappe zuschneiden. Als Achsen eignen sich auch auf die entsprechende Breite zugeschnittene Vierkanthölzer.

Offensichtlich schön

Wer ein kleines Schmuckstück in großer Aufmachung präsentieren möchte, findet hier eine Anregung. Wellpappe und Dekoration dienen als Präsentation für die kleine Schmuckschachtel.

Material

- *Wellpappe*
- *Pappe*
- *farblich passende, drahtverstärkte Bänder in zwei unterschiedlichen Breiten*
- *evtl. Deko-Kordel*
- *Lineal*
- *Schneidemesser*

So wird's gemacht

Schneiden Sie aus der Wellpappe und der Pappe zwei gleichgroße Quadrate (etwa 30 x 30 cm).

Fertigen Sie aus dem breitem Geschenkband eine Single-Schleife (siehe Seite 14/15). Legen Sie die Wellpappe auf die Pappe und beide zusammen vor sich; eine Ecke zeigt zu Ihnen.

Legen Sie das schmalere Geschenkband unter diese Ecke. Beide Enden nach oben auf die Wellpappe legen. Das linke Bandende unter die obenliegende Ecke des Quadrats führen und an das rechte Bandende legen. Verschieben Sie nun das Band so, daß beide Enden gleich lang sind. Bandenden verknoten. Legen Sie die Single-Schleife auf den Knoten, und binden Sie die Bandenden darüber zu einer einfachen Schleife.

Die offene Schmuckschachtel in die Mitte stellen und die Schleifen in Form zupfen. Eventuell mit zusätzlichem Material dekorieren.

Ein guter Fang

Der Reiz dieser Verpackung besteht in der Transparenz. Besonders grobmaschige Bänder nehmen die Farbe des Papiers auf.

Material

- *geometrisch gemustertes oder unifarbenes Geschenkpapier*
- *farblich passende Bänder in Netzoptik*
- *Grußkarte*
- *evtl. Dekoelemente*

So wird's gemacht

Das schmalere Band zweimal um das Paket schlingen und mit einem einfachen Knoten fixieren.

Das breite Band quer dazu um das Geschenk wickeln, dabei unter und über das schmale Band führen. Enden nicht verknoten, sondern offen lassen.

Zum Schluß die Grußkarte zwischen die Bänder schieben.

Natur-verbunden

Lassen Sie sich von der Vielfalt des Angebotes inspirieren: Schönes Papier und harmonisch aufeinander abgestimmte Bänder in unterschiedlicher Optik genügen, um ein Geschenk zum Blickfang zu machen.

Material

- *Geschenkpapier in Naturtönen*
- *breites, transparentes Geschenkband*
- *Geschenkband in Leinenoptik*
- *Zierkordel*
- *doppelseitiger Klebefilm*

So wird's gemacht

Das in Papier gepackte Geschenkpaket hochkant genau auf die Mitte des transparenten Geschenkbandes plazieren. Beide Bandenden um das Paket und zum Anfangspunkt zurückführen und an der oberen Schmalseite zu einer Schleife binden. Bänder unten etwas spreizen. Mit der Kordel ebenso verfahren und zu einem Knoten schließen. Achten Sie darauf, daß die Kordel auf der Mitte des breiten Bandes liegt.

Aus dem Band in Leinenoptik eine Single-Schleife (siehe Seite 14/15) binden und mit doppelseitigem Klebefilm zu der anderen Schleife kleben.

Papier und Bänder Ton in Ton

Auf die Farben kommt es an. Hier sollten Bänder und unifarbenes Papier perfekt aufeinander abgestimmt sein. Drei Variationen, die blitzschnell gemacht sind.

Material

- *unifarbenes Papier*
- *farblich abgestimmte Bänder und Bastkrepp-Kordeln*

So wird's gemacht

Grünes Paket
Ein einfaches, unifarbenes Papier und reichlich Bastkrepp-Kordel, die kreuz und quer herumgebunden wird, sind der Gag dieser Verpackung.

Orangefarbenes Paket
Ähnlich wie das grüne Paket, allerdings gleichmäßiger verschnürt.

Gelbes Paket
Hier wird farbiges Papier mit durchsichtigem Band in der gleichen Farbe kombiniert. Grobes Leinenband zerschneiden und die einzelnen Stücke lässig um das Paket schlingen und verknoten.

Verflixt und zugeschnürt

Hier blitzt das Geschenk ein wenig heraus und macht neugierig.

Material

- *Tonpapier*
- *Bleistift*
- *Locher*
- *Kordel oder Lederband*

So wird's gemacht

Legen Sie das Papier mit der unbedruckten Innenseite nach oben vor sich, und plazieren Sie das Geschenk in der Mitte. Mit Bleistift rundherum markieren und das Geschenk beiseite legen.

Papier oben und unten entlang der Markierung knicken, so daß es später mit dem Geschenk abschließt. Links und rechts ebenfalls knicken. Papier so beschneiden, daß es sich nicht überlappt, sondern etwa 2 cm vom Geschenk herausschauen, wenn man das Papier über dem Geschenk zusammenfaltet. Ausprobieren!

Die linke und rechte Kante zusammennehmen und in beide gleichzeitig mit dem Locher eine Reihe von Löchern stanzen. Das Geschenk wieder ins Papier legen und Kordeln oder Lederbänder von oben und unten durch die Löcher ziehen. Enden zu einer einfachen Schleife binden.

Herren-hemd

Läßt die Verpackung auf den Inhalt schließen, oder wird der Beschenkte in die Irre geführt...? Eine originelle Verpackung für flache, rechteckige Geschenke.

Material

- *(Geschenk-)Papier*
- *3-4 Knöpfe*
- *Klebstoff*
- *ca. 40 Geschenkband (Breite 3 cm)*
- *Nadel und Faden*

So wird's gemacht

Papier zurechtschneiden und das Geschenk darin einpacken.

Für die Knopfleiste aus dem restlichen Papier einen etwa 5 cm breiten Streifen in der Länge des Pakets schneiden. Diesen Streifen

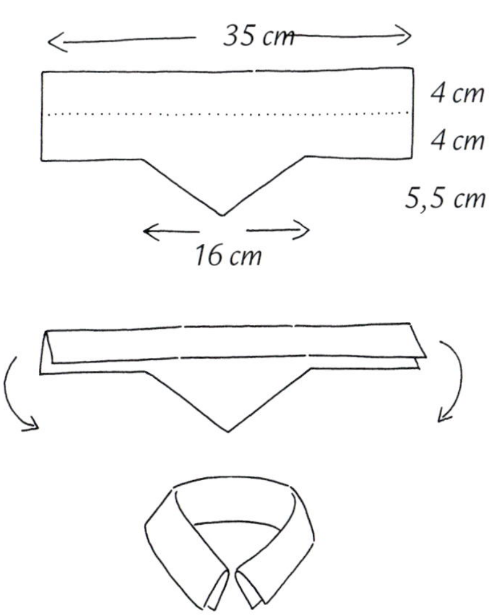

so knicken, daß er etwas breiter als die Knöpfe ist. Den Kragen entsprechend der Zeichnung zuschneiden und falzen.

Kleben Sie erst den Kragen, dann die Knopfleiste mittig auf das Paket. Der Kragen sollte etwas überstehen, die Knopfleiste auf der Unterseite des Geschenks enden.

Eine Fliege aus dem Geschenkband legen, mit einigen Stichen zusammennähen und aufkleben. Zum Schluß die Knöpfe auf die Knopfleiste kleben.

Schmuckstück im Blumenbeet

Ein kleiner Ring mit großer Bedeutung kann in dieser Verpackung angemessen überreicht werden.

Material

- *Styroporplatte*
- *blumiges Geschenkpapier*
- *farblich passendes Kreppapier*
- *farblich passender Tüll*
- *doppelseitiger Klebefilm*
- *Schneidemesser*

So wird's gemacht

Schneiden Sie mit dem Schneidemesser aus dem Styropor einen handlichen Quader und in dessen Mitte eine quadratische Vertiefung von etwa 4 x 4 cm für das Schmuckstück.

Styropor in das blumige Papier einpacken und über der Öffnung kreuzweise einschneiden. Die vier Laschen herunterdrücken. Doppelseitigen Klebefilm zurechtschneiden und in die Öffnung kleben.

Einen Streifen Kreppapier (etwa 10 x 30 cm) in Längsrichtung falten und zur Blume zusammenrüschen. Die Kreppblume in die Öffnung drücken und das Schmuckstück in die Rosette legen.

Eine Single-Schleife aus Tüll (siehe Seite 14/15) gibt der Dekoration den letzten Schliff.

Vielseitige Tüte

Tüten als Verpackung haben den Vorteil, daß sie auch ungewöhnliche Formate und Kleinteiliges fassen können. Sie lassen sich mehrmals verwenden und können in jeder Größe hergestellt werden.

Material

- *Geschenkpapier*
- *farblich passende Kordel*

So wird's gemacht

Ein Stapel Bücher oder ein Karton geben der Tüte die Form. Wählen Sie etwas, das in Tiefe und Breite der Tüte entspricht, die Sie haben möchten.

Packen Sie Bücher oder Karton wie ein Geschenk ein, verschließen Sie aber nur eine Seite. Fahren Sie mit Daumen und Zeigefinger an den Kanten der Verpackung entlang, um die Knicke zu verstärken. Dann ziehen Sie die Bücher wieder heraus und knicken die Schmalseiten der Tüte nach innen.

In die Tütenränder gegenüberliegend jeweils zwei Löcher anbringen. Zwei gleichlange Kordeln von innen nach außen und wieder nach innen durch die Löcher ziehen und innen mit Knoten fixieren.

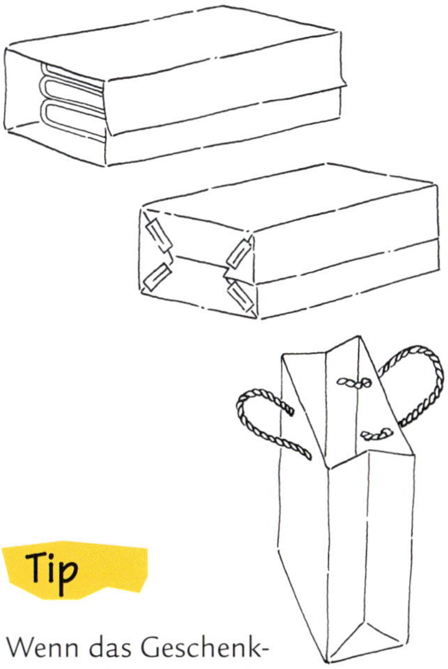

Tip

Wenn das Geschenkpapier dünn ist, nehmen Sie es doppelt, um die Tüte haltbarer zu machen. Außerdem sieht die Tüte dann auch innen hübsch aus. Falten Sie das doppelte Papier so, daß der Falz den oberen Tütenrand bildet.

Rosen-kavalier

Kleidungsstücke sind nicht ganz einfach zu verpacken. Wenn Sie passendes Papier auswählen, darf der Stoff ruhig ein wenig zu sehen sein und neugierig machen. Auch ein schönes Tuch läßt sich so dekorieren.

Material

- *runde Dose oder Schachtel*
- *Geschenkpapier mit Rosenmuster*
- *farblich passendes Geschenkband in zwei Breiten*
- *evtl. (künstliche) Rosen*

So wird's gemacht

Wählen Sie eine runde Dose oder Schachtel entsprechend dem Volumen des Stoffes aus. Sie können die Dose vergrößern, indem Sie einen Papierrand anbringen, der höher ist, als der Rand der Dose. Im Foto ist die Papierumhüllung doppelt so hoch. Wenn das Papier dünn ist und viel Stoff halten soll, nehmen Sie es doppelt, indem Sie es falten und legen eventuell noch ein Stück Zeitungspapier dazwischen.

Papier so um die Dose legen, daß es mit dem Dosenboden abschließt. Mit Klebefilm fixieren.

Aus dem breiten Band eine Single-Schleife (siehe Seite 14/15) binden. Durch den Knoten auf der Rückseite der Single-Schleife das dünnere Band ziehen und um die Dose binden. Wer möchte, schmückt noch zusätzlich mit (künstlichen) Rosen.

Tip

Wenn Sie eine hübsche Schmuckschachtel oder Keksdose aussuchen, wird die Freude beim Auspacken gleich doppelt groß sein.

Glanzvoller Auftritt

Diese Idee können Sie variieren, indem Sie statt der Metallic-Folie beidseitig farbiges, dünnes Papier verwenden. Die Dekoration wirkt dann eher blumig als feierlich. Schnell und einfach zu machen.

Material

- *zweifarbige Metallic-Folie*
- *farblich passendes Ringelband*
- *doppelseitiger Klebefilm*
- *Kreisschablone*

So wird's gemacht

Das Geschenk in das Papier packen.

Vom Rest stellen Sie einige Sterne in beliebiger Anzahl und Größe her. Dazu zeichnen Sie mit Hilfe eines Tellers eine Kreisscheibe auf das Papier und schneiden sie aus. Dreimal falten und das Kreissegment zu einer Raute schneiden.

Rauten auseinanderfalten und wie eine Tüte zusammennehmen. An die Spitze ein Stück Ringelband binden und mit doppelseitigem Klebefilm auf dem Geschenk festkleben.

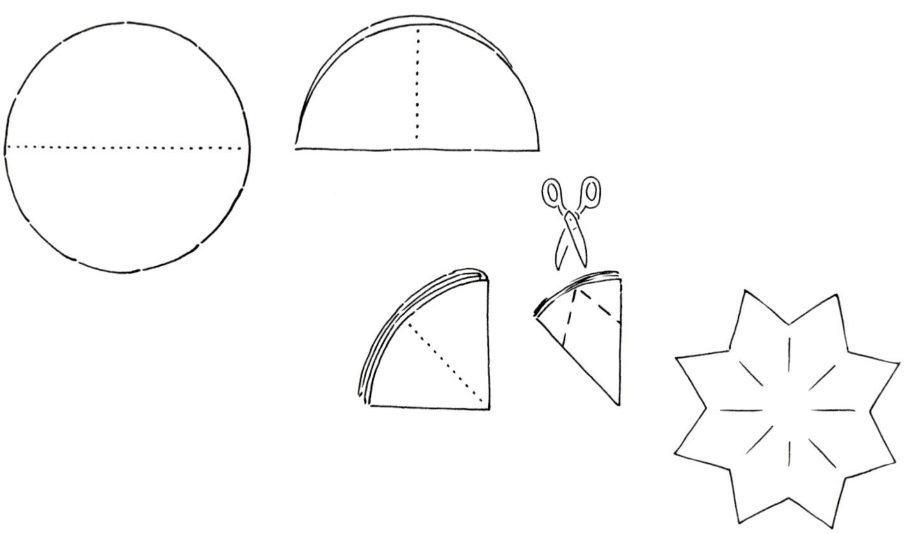

92

Fächer und Schleife

Fächer lassen sich aus allen glatten Papiersorten falten. Sie sollten aber nicht zu dünn sein, sonst sind sie nicht stabil. Bei dickerem Papier können Sie die Falzlinien mit Hilfe einer Stricknadel und eines Lineals fest ins Papier drücken, bevor Sie sie falten.

Material

- *Papier*
- *passendes Geschenkband*
- *doppelseitiger Klebefilm*

So wird's gemacht

Schneiden Sie von der Schmalseite des Papierbogens einen Streifen ab, der halb so breit ist wie das Geschenk. Falten Sie diesen Streifen wie eine Ziehharmonika.

Verpacken Sie das Geschenk in dasselbe Papier, und binden Sie das Band über dem Paket zu einer Schleife zusammen.

Den Fächer zu einem Halbkreis öffnen und mit doppelseitigem Klebefilm auf dem Geschenk befestigen.

Tip

Die Falten sind leicht zu knicken und sehen hübsch aus, wenn sie etwa 1 cm breit sind. Wenn Sie diese Breite nicht bis zur letzten Falte durchhalten: macht nichts. Die Fächer wirken auch noch, wenn sie ein bißchen »krumm und schief« sind!

Sonnen-aufgang

Für diesen ansprechenden Kontrast von Quader und Kreis darf das Geschenkpaket nicht zu klein und flach sein. Notfalls helfen Sie ein bißchen nach, indem Sie das Geschenk in eine große Schachtel legen.

Material

- *2 Bögen farblich abgestimmtes Geschenkpapier*
- *doppelseitiger Klebefilm*
- *Schaschlikspieß*

So wird's gemacht

Verpacken Sie das Geschenk. Aus dem andersfarbigen Papier schneiden Sie einen Streifen, der so breit ist wie das Geschenk hoch, und falten ihn wie eine Ziehharmonika. Eventuell zwei Streifen zusammenkleben, um eine ausreichende Länge zu erhalten.

In die Mitte der fertigen Ziehharmonika kleben Sie den Schaschlikspieß. Er muß an einer Seite aus dem Fächer herausragen und wird in eine seitliche Lasche der Geschenkverpackung geschoben.

Nun ziehen Sie das gefaltete Papier zu einem Dreiviertelkreis auseinander und kleben die Enden mit doppelseitigem Klebefilm auf das Paket.

Fächer-Vielfalt

Eine einfache, aber schöne Dekoration, auch wenn Sie statt des Regenbogen-Papiers unifarbenes Papier verwenden.

Material

- *unifarbenes Geschenkpapier*
- *Regenbogen-Papier*
- *doppelseitiger Klebefilm*

So wird's gemacht

Das Geschenk in unifarbenes Geschenkpapier einpacken.

Das bunte Papier in Streifen schneiden und aneinanderkleben. Zu mehreren Ziehharmonikas in unterschiedlicher Breite und Länge falten. Die Faltenbreite sollte wiederum etwa 1 cm betragen. Fächer auf dem Geschenk arrangieren und mit doppelseitigem Klebefilm befestigen.

Rosa Schleifen-Show

Natürlich gelingt der Ton-Ton-Effekt mit anderen Farben genauso gut, am besten mit der Lieblingsfarbe des Beschenkten. Leicht und schnell zu machen.

Material

- *unifarbenes Papier oder Kreppapier*
- *verschiedene, farblich passende Geschenkbänder*

So wird's gemacht

Wickeln Sie das Geschenk in das Papier, und kleben Sie es zu.

Legen Sie die Bänder waagerecht und senkrecht um das Paket, und binden Sie einfache Schleifen.

Nach Geschmack mit zusätzlich aufgeklebten Single-Schleifen (siehe Seite 14/15) dekorieren.

Bunte Stoffbänder

Hier kommt es auf den richtigen Farbmix an. Eine Idee für die sprichwörtlich letzte Minute.

Material

- *unifarbenes Papier oder Kreppapier*
- *farbige Stoffbänder (Reste)*

So wird's gemacht

Das Paket wird eingepackt und zugeklebt.

Die Bänder binden Sie senkrecht, waagerecht und über Eck als Diagonalen und schließen sie mit einfachen Schleifen. Lange Bandenden als Schlaufen in die Bänder schieben.

Einfach Spitze!

Diese Verpackung erinnert an eine Schultüte und kann kleine Geschenke aufnehmen.

Material

- *Tonpapier*
- *Kreppapier*
- *schmales Geschenkband*
- *Klebstoff*
- *Tüll*
- *Kreisschablone*

Aus Tüll schneiden Sie ein oder zwei Streifen, die etwa 60 cm lang und 5 cm breit sein sollten und legen daraus ein oder zwei Schleifen (siehe Zeichnung). Binden Sie die Schleifen mit dünnem Geschenkband zusammen und mit einer Schleife um die gefüllte Tüte.

So wird's gemacht

Mit Hilfe der Schablone (siehe Tip) zeichnen Sie einen Halbkreis auf das Papier und schneiden ihn aus.

Kleben Sie einen etwa 65 cm langen und 25 cm breiten Streifen Kreppapier leicht gekräuselt auf die Kante des Kreisbogens. Trocknen lassen. Tüte zusammenkleben.

Tip

Als Schablone für eine etwa 20 cm lange Tüte (gemessen von der Spitze bis zur Verschnürung) benötigen Sie einen großen Eimer, für kleinere Tüten entsprechend kleinere Tassen oder Teller.

ABC

Täschchen

Diese Verpackung eignet sich für alle kleinteiligen oder unregelmäßig geformten Gegenstände.

Material

- *Geschenkpapier*
- *passender Papierrest*
- *ca. 40 cm Kordel*
- *Locher*
- *Wäscheklammern*

So wird's gemacht

Schneiden Sie das Papier so zurecht, daß es oben und unten knapp über das Geschenk reicht, seitlich aber weit übersteht. Plazieren Sie das Geschenk in die Mitte des Papiers, schlagen Sie die obere Papierseite über die untere und kleben sie über die ganze Länge fest. Die links und rechts überstehenden Papierseiten über dem Geschenk zusammennehmen und mit zwei Wäscheklammern dort gehalten.

Schneiden Sie aus dem Papierrest einen Streifen zurecht, den Sie in

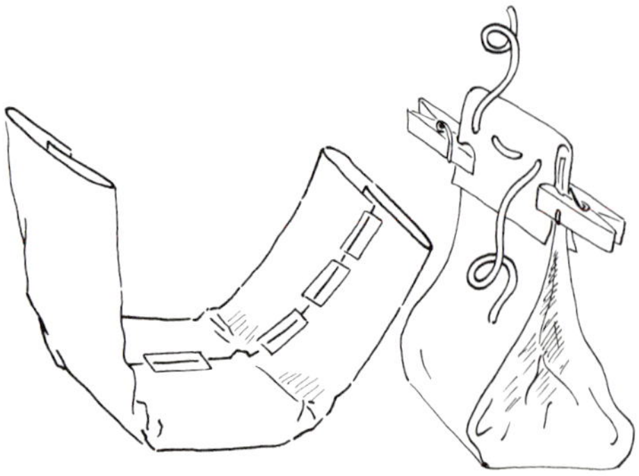

der Mitte falten und über die zusammengefaßten Papierenden legen. Halten Sie mit den Wäscheklammern alles zusammen. Machen Sie mit der Schere eine Reihe von Löchern in den »Verschluß«, und ziehen Sie die Kordel hindurch. Wäscheklammern entfernen.

Geschenk von Herzen

Für diesen Vorschlag können Sie jedes Geschenkpapier verwenden, das mit einfachen Motiven bedruckt ist, die sich leicht ausschneiden lassen: Blumen, Punkte oder andere geometrische Formen.

Material

- *Geschenkpapier mit einfachen Motiven*
- *farblich passendes Band*
- *Klebstoff*

So wird's gemacht

Wickeln Sie das Geschenk in Papier, und verschnüren Sie es mit dem Band. Die Enden des Bandes lang lassen und nicht abschneiden!

Aus dem restlichen Papier schneiden Sie eine gerade Anzahl von Motiven aus. Kleben Sie die Motive mit dem Band dazwischen paarweise zusammen. Überstehendes Band dicht am untersten Motiv abschneiden.

Tip

Wenn Sie das Papier beim Ausschneiden doppelt nehmen, haben Sie jeweils zwei exakt gleiche Papierstücke, wenn auch nur auf einer Seite das Motiv des Geschenkpapiers genau zu sehen ist.

Sonnenpyramide

Diese Verpackung eignet sich für ungewöhnliche Formate. Sie ist etwas aufwendiger, dafür aber sehr vielfältig. Die Größe der Pyramide können Sie dem Geschenk anpassen.

Material

- *einfache Pappe*
- *Geschenkpapier mit klaren Motiven*
- *ca. 1,20 m schmales Geschenkband*
- *Draht*
- *Lineal*
- *Bleistift*
- *Schneidemesser*
- *Klebstoff*

So wird's gemacht

Messen Sie aus, wie breit, lang und hoch Ihr Geschenk ist. Schneiden Sie aus der Pappe vier gleichschenklige Dreiecke, die etwas breiter und höher sind, als das Geschenk. Schneiden Sie außerdem ein Quadrat zu, dessen Seitenlänge der schmaleren dritten Seite des Dreiecks entspricht.

Überkleben Sie die Pappdreiecke, indem Sie Dreiecke aus dem Geschenkpapier schneiden, die rundherum etwa 4 cm größer sind. Diese aufkleben, die Ränder der beiden langen Schenkel umschlagen und auf der Rückseite der Pappe aufkleben. Achtung: Der überstehende Papierrand an der kürzeren Seite wird nicht umgeschlagen! In die Spitze der Dreiecke kleben Sie gleichzeitig ein 30 cm langes Stück Band.

Nun die noch nicht umgeschlagenen Papierränder aller Dreiecke an den vier Seiten unter das Quadrat kleben. Geschenk auf die Bodenplatte setzen, Dreiecke zur Pyramide schließen. Jeweils zwei gegenüberliegende Bänder zu einer Schleife zusammenbinden.

Als zusätzlichen Schmuck aus dem restlichen Papier zwei gleiche Motive ausschneiden und mit einem Stück Draht dazwischen zusammenkleben. Falls nötig, zur Verstärkung noch ein Stück Pappe einsetzen. Die fertige Dekoration in die Spitze der Pyramide einhängen.

Feriengrüße

Windmühlen lassen sich ganz einfach und in Windeseile aus quadratischen Papierstücken fertigen. Sie kommen besonders gut zur Geltung, wenn sie farblich auf das Geschenkpapier abgestimmt werden.

Material

- *sommerliches Geschenkpapier*
- *farblich passendes Papier*
- *Klebstoff*
- *doppelseitiger Klebefilm*

So wird's gemacht

Fertigen Sie einige Windmühlen, die in Farbe und Größe zum Paket passen. Falten Sie dazu für jede Windmühle ein Papierquadrat zweimal diagonal, und schneiden Sie es an den Knicken nicht ganz bis zur Mitte ein. Ecken zur Mitte biegen und dort festkleben. Eine kleine Kreisscheibe zuschneiden und in die Mitte auf die Spitzen kleben.

Verpacken Sie das Geschenk in das Geschenkpapier, und kleben Sie die Windmühlen mit doppelseitigem Klebefilm auf das Paket.

Regenbogen-Windmühle

Die bunte Windmühle im Riesenformat wirkt auf dem glänzenden Papier der Verpackung besonders gut.

Material

- *glänzendes, unifarbenes Papier*
- *beidseitig farbiges Regenbogenpapier*
- *farblich passendes Ringelband*
- *Klebstoff*
- *doppelseitiger Klebefilm*

So wird's gemacht

Verpacken Sie das Geschenk in unifarbenes Papier.

Fertigen Sie aus dem Regenbogenpapier eine Windmühle, wie oben beschrieben, und kleben Sie sie zusammen mit dem Ringelband auf das Geschenkpaket.

Blumenpapier mit Schleife

Diese Verpackung haben Sie blitzschnell fertig. Sie wirkt besonders schön, wenn Sie kontrastreiches, klares Geschenkpapier aussuchen und mit Bändern und Schleifen die kräftigen Farben aufnehmen.

Material

- *Geschenkpapier mit Blumenmotiven*
- *ca. 1 m farblich passendes Geschenkband*
- *farblich passendes Ringelband*
- *Tacker*
- *doppelseitiger Klebefilm*

So wird's gemacht

Stellen Sie eine blumige Schleife her (siehe Seite 16/17).

Verpacken Sie das Geschenk mit dem Papier, und kleben Sie die Schleife zusammen mit dem Ringelband mit doppelseitigem Klebefilm auf.

Urlaubsstimmung

Eine witzige Verpackung, die von originellen Accessoires lebt und schnell und leicht gemacht ist.

Material

- *Geschenkpapier mit sonnigem Motiv*
- *farblich passende Bastkordel*
- *Sonnenbrillen*

So wird's gemacht

Das Geschenk in Papier packen und mit Bastkordel umschlingen.

Die Sonnenbrillen oder andere passende Dekorationselemente an die Kordelenden binden oder nur lose auf das Paket legen.

Konfetti-Luftballons

Eine Verpackung, die viel Spaß macht – sofern sie nicht mit Rosen überreicht wird! Die Ballons können Sie bereits gefüllt kaufen, oder Sie füllen sie mit Konfetti oder bunten Locherpunkten. Das Papierkonfetti haftet an der Innenseite der aufgeblasenen Ballons, wenn sie geschüttelt werden.

Material

- *weißes Papier*
- *Klarsichtfolie*
- *Konfetti*
- *(mit Konfetti gefüllte) transparente Kristallballons*
- *Kordel*

So wird's gemacht

Das Geschenk in das weiße Papier packen.

Breiten Sie ein passend zurechtgeschnittenes Stück Folie vor sich aus, und streuen Sie Konfetti in die Mitte. Paket kopfüber darauf plazieren und die Folie schließen. Seitlich zukleben und wieder umdrehen.

Blasen Sie die Ballons auf, und binden Sie sie mit Kordel zusammen. Das Kordelende mit Klebefilm am Paket befestigen.

Ganz in Weiß

Für ein Hochzeitsgeschenk darf die Verpackung ganz besonders prächtig sein!

Material

- *Styroporplatte*
- *Tortenspitze*
- *runde Schachtel*
- *weißer Tüll, ca. 75 x 75 cm*
- *weißes Papier*
- *weißes Seidenpapier*
- *weißes Geschenkband (Breite entsprechend der Styropordicke)*
- *weißes Band in unterschiedlichen Breiten*
- *doppelseitiger Klebefilm*

So wird's gemacht

Legen Sie die Tortenspitze auf das Styropor, und schneiden Sie es in dieser Größe aus. Das schmale Band wird mit doppelseitigem Klebefilm ringsum festgeklebt.

Bekleben Sie Schachtel und Deckel falls nötig rundherum mit weißem Papier. Geschenk hineinlegen und den Deckel schließen.

Schachtel in weißes Seidenpapier einschlagen (siehe Seite 12/13), den Tüll darüber legen und mit doppelseitigem Klebefilm fixieren. Breites Seidenband um den Rand der Schachtel legen und in einer Wellenschleife (siehe Seite 38) enden lassen. Darf's noch etwas üppiger sein? Hier wurde noch eine blumige Schleife (siehe Seite 16/17) zu der Wellenschleife hinzugeklebt.

Zum Schluß die dekorierte Schachtel mit doppelseitigem Klebefilm auf die Tortenspitze kleben.

Flasche im Seidentuch

Das Seidentuch oder die Flasche – was ist das Schönste an diesem Geschenk? Die ideale Idee, wenn Sie zwei Personen beschenken möchten.

Material

- *quadratisches Tuch*
- *zwei verschiedene Geschenkbänder*
- *doppelseitiger Klebefilm*

So wird's gemacht

Falten Sie das Tuch zu einem Dreieck. Legen Sie die linke und rechte Ecke in der Mitte zusammen. Die dadurch entstandenen parallel liegenden Kanten versehen Sie mit doppelseitigem Klebefilm.

Kleben Sie zunächst eine Kante auf die Flasche, und wickeln Sie die Flasche in das Tuch. Die Klebestreifen der zweiten Kante zum Schluß fest andrücken, damit sich der Stoff nicht wieder aufwickelt. Stoffzipfel zwirbeln und zusammenknoten.

Zur Dekoration fertigen Sie zunächst eine Single-Schleife (siehe Seite 14/15) aus silbernem Band. Legen Sie dann eine blumige Schleife (siehe Seite 16/17) aus drahtverstärktem Band an, die Sie mit dünnem Draht an die Single-Schleife binden. Beide Schleifen zusammen am Flaschenhals befestigen.

Lecker, lecker!

Wer Musik zum Leben braucht wie Essen und Trinken, wird sich über dieses Frühstück bestimmt freuen.

Material

- *Verpackungskarton*
- *weißes Papier*
- *gelbes und grünes Seidenpapier*
- *Packpapier- oder Brötchentüte*

So wird's gemacht

Die CD erst in das weiße Papier, dann in das gelbe Seidenpapier verpacken und zukleben.

Aus dem grünen Seidenpapier zwei große Kreisscheiben ausschneiden (müssen nicht exakt sein!) und leicht knüllen. Für die Brotscheiben schneiden Sie zwei ovale Scheiben aus der Pappe, die so groß sind, daß die CD darüber hinausragt.

Die »Zutaten« übereinander schichten und in die Tüte packen.

Zweigestirn

Eine Verpackungsidee für alle, denen Sie einen Stern vom Himmel holen möchten. Eignet sich besonders für unförmige Geschenke.

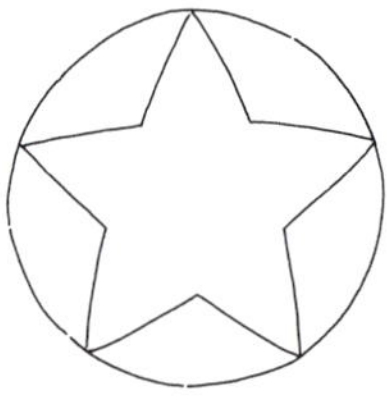

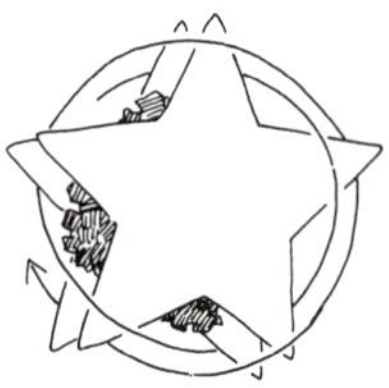

Material

- *weißes Papier*
- *Bleistift*
- *Bastelwellpappe*
- *Goldfolie*
- *Kreisschablone*
- *0,50 m schmales Geschenkband*
- *1,30 m breites Geschenkband*
- *(goldenes) Ringelband*

So wird's gemacht

Fertigen Sie zunächst eine Schablone für die Sterne. Zeichnen Sie dazu mit Hilfe eines Tellers von der Größe des Geschenks einen Kreis auf das weiße Papier, und konstruieren Sie daraus einen 5-zackigen Stern. Schablone ausschneiden und zweimal auf Wellpappe übertragen.

Verpacken Sie das Geschenk in Goldfolie, und legen Sie es zwischen die Sterne. Wickeln Sie das Ringelband so um die Zacken, daß diese alle eingefaßt sind. Als zusätzliche Dekoration können Sie eine Wellenschleife anbringen, die mit einer einfachen Schleife zusammengehalten wird (siehe Seite 119).

Nikolaus-Flasche

Ein edles Tröpfchen ist ein willkommenes Geschenk – das weiß auch der Nikolaus. Und weil er klug ist, wählt er als winterliche Verpackung eine Socke in der passenden Schuhgröße und verschenkt die zweite gleich mit!

Material

- *lange, rote Stümpfe*
- *Watte, weißes Taschentuch oder Stoffrest in Weiß*
- *evtl. Süßigkeiten*

So wird's gemacht

Einen Strumpf in die Spitze des anderen stopfen. Falls das nicht zum Auspolstern reicht, noch etwas zerknüllte Zeitung in den Strumpf drücken.

Flasche in den Strumpf setzen. Watte, Taschentuch oder Stoffrest und eventuell Süßigkeiten in der Öffnung drapieren.

Der Nikolaus war da!

Diese Idee eignet sich für alle flachen Geschenke. Verpacken Sie das Geschenk zuerst in Papier, das erhöht die Spannung beim Auspacken!

Material

- *roter Stoff oder Rupfen*
- *weiße Watte*
- *Nähgarn*
- *Nähnadel*
- *evtl. zusätzliches (rotes) Papier*
- *doppelseitiger Klebefilm*

So wird's gemacht

Der rote Stoff sollte etwa viermal so lang wie das Geschenk und etwas breiter als sein Umfang sein. Für eine Längsseite nehmen Sie die Selfkante (Webkante).

Schlagen Sie die Kante, die die Mützenöffnung bilden soll, zweimal um. Mit doppelseitigem Klebefilm fixieren. Wickeln Sie den Stoff so um das Geschenk, daß der Stoffumschlag außen und die Selfkante zuoberst liegt. Mit doppelseitigem Klebefilm fixieren.

Mützenspitze mit Nadel und Faden zusammennähen. Watte zu einem dicken Knäuel formen, an die Spitze nähen und den Mützenzipfel umklappen.

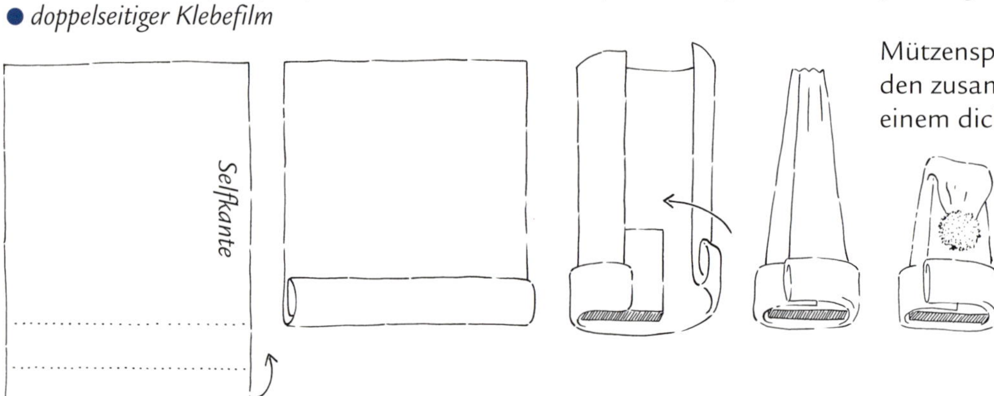

... ein Kerzlein brennt

Brennend sollten Sie das Paket nicht überreichen, aber es macht auch ohne Flamme Eindruck!

Material

- *Geschenkpapier*
- *ca. 2,70 m farblich passendes, drahtverstärktes Band*
- *passende Kerze*
- *Draht*
- *doppelseitiger Klebefilm*
- *evtl. Tonpapier und Klebstoff*

So wird's gemacht

Fertigen Sie aus dem Geschenkband eine blumige Schleife (siehe Seite 16/17). Noch üppiger wird die Schleife, wenn Sie einige Schlaufen mehr legen. Verbinden Sie Kerze und Schleife mit einem dünnen Draht.

Verpacken Sie das Paket mit dem Geschenkpapier, und kleben Sie die Kerze mit doppelseitigem Klebefilm auf. Das restliche Geschenkband um Paket und Kerze binden und mit einer Schleife schließen.

Tip

Wenn Papier und Zeit übrig ist, können Sie aus Tonpapier und Geschenkpapier noch eine Grußkarte fertigen.

Weihnachtlich glänzet der Wald

Wetten, daß diese Verpackung auf der Fensterbank der Beschenkten noch eine Weile weiterlebt? Stimmungsvolle Dekorationen kommen in der kalten Jahreszeit immer gut an.

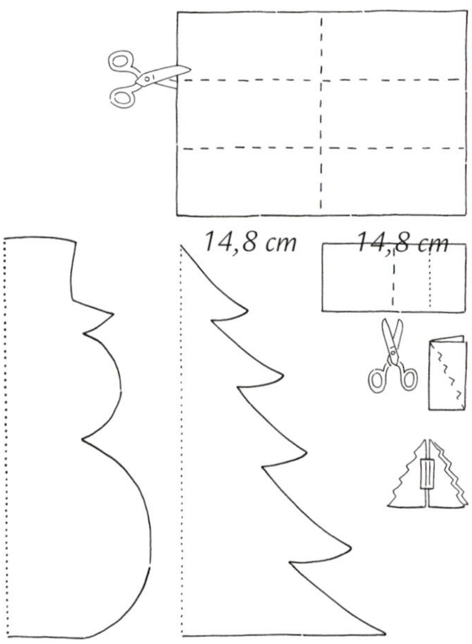

Material

- *runde Schachtel*
- *grünes Kreppapier*
- *für 3 Bäumchen:*
  1 Din A 4 Bogen grünes Papier
- *für 3 Schneemänner:*
  1 Din A 4 Bogen weißes Papier
- *schwarzer Filzstift*
- *Lineal*
- *Bleistift*
- *doppelseitiger Klebefilm*

So wird's gemacht

Runde Schachtel in grünes Kreppapier einschlagen (siehe Seite 12/13). Und so fertigen Sie die Dekorationselemente, die Sie mit doppelseitigem Klebefilm auf dem Geschenk fixieren:

Bäumchen

Das grüne Papier entsprechend der Zeichnung in sechs Teile zerschneiden. Jedes Teil noch einmal in der Mitte durchschneiden, so daß 12 fast quadratische Papierstücke entstehen, die Sie alle in der Mitte knicken.

Auf die rechte Hälfte jedes Papierstücks übertragen Sie die Zeichnung des halben Tannenbaums und schneiden ihn aus. Je nach Stärke des Papiers können Sie mehrere Bäume auf einmal durchschneiden, wenn Sie die Papierstücke ineinanderschieben. Jeweils zwei Bäumchen legen Sie mit dem Knick aneinander und kleben sie mit Klebefilm zusammen. Vier Tannenbäume ergeben ein Dekorationselement.

Schneemann

Er wird nach dem gleichen Prinzip wie das Bäumchen aus weißem Papier gemacht. Die Zylinder vor dem Zusammenkleben mit schwarzem Filzstift aufmalen.

Es weihnachtet sehr

Die Kombination von Gold und Rot wirkt immer weihnachtlich. Für diese festliche Dekoration sollten Sie ein möglichst breites Schleifenband aussuchen.

Material

- *Goldfolie*
- *breites, unifarbenes Geschenkband*
- *schmales, unifarbenes Geschenkband*
- *gemustertes Geschenkband*
- *kleine Holzsterne*
- *doppelseitiger Klebefilm*

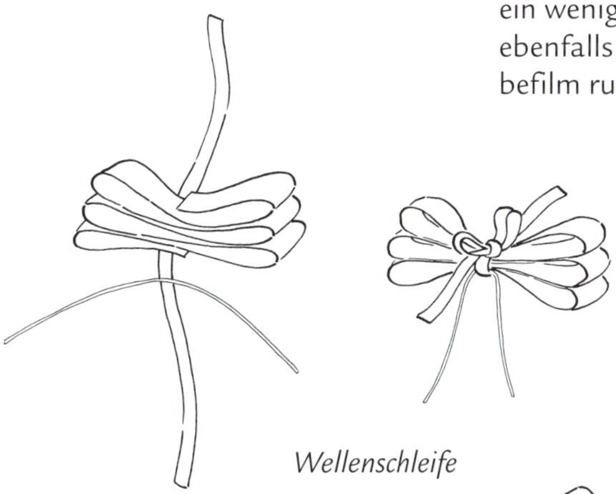

Wellenschleife

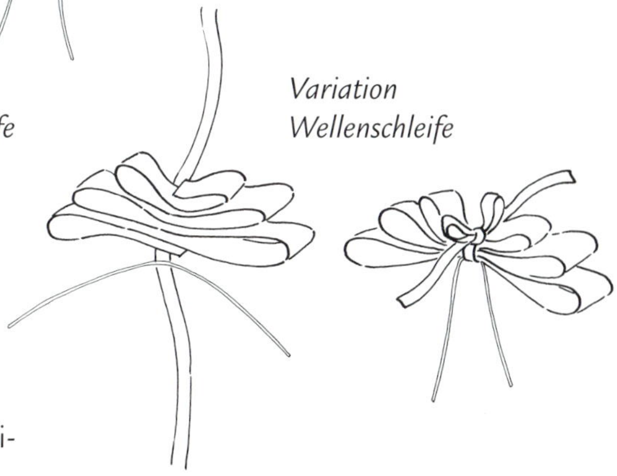

Variation Wellenschleife

So wird's gemacht

Verpacken Sie das Geschenk in Goldfolie, und binden Sie das breite unifarbene Geschenkband mit einer einfachen Schleife darum.

Aus dem karierten Band legen Sie eine Variation der Wellenschleife, bei der alle Schlaufen gleich groß sind. Für die spätere Benutzung als Christbaumschmuck wird zusätzlich ein Stück Draht eingebunden. Wellenschleife mit einer kleinen Schleife aus dem schmalen unifarbenen Band zubinden.

Fertige Wellenschleife mit doppelseitigem Klebefilm unterhalb der großen gebundenen Schleife fixieren und die einzelnen Schlaufen ein wenig spreizen. Holzsterne ebenfalls mit doppelseitigem Klebefilm rundherum dekorieren.

Tip

Die Holzsterne lassen sich leicht wieder ablösen und anderweitig verwenden.

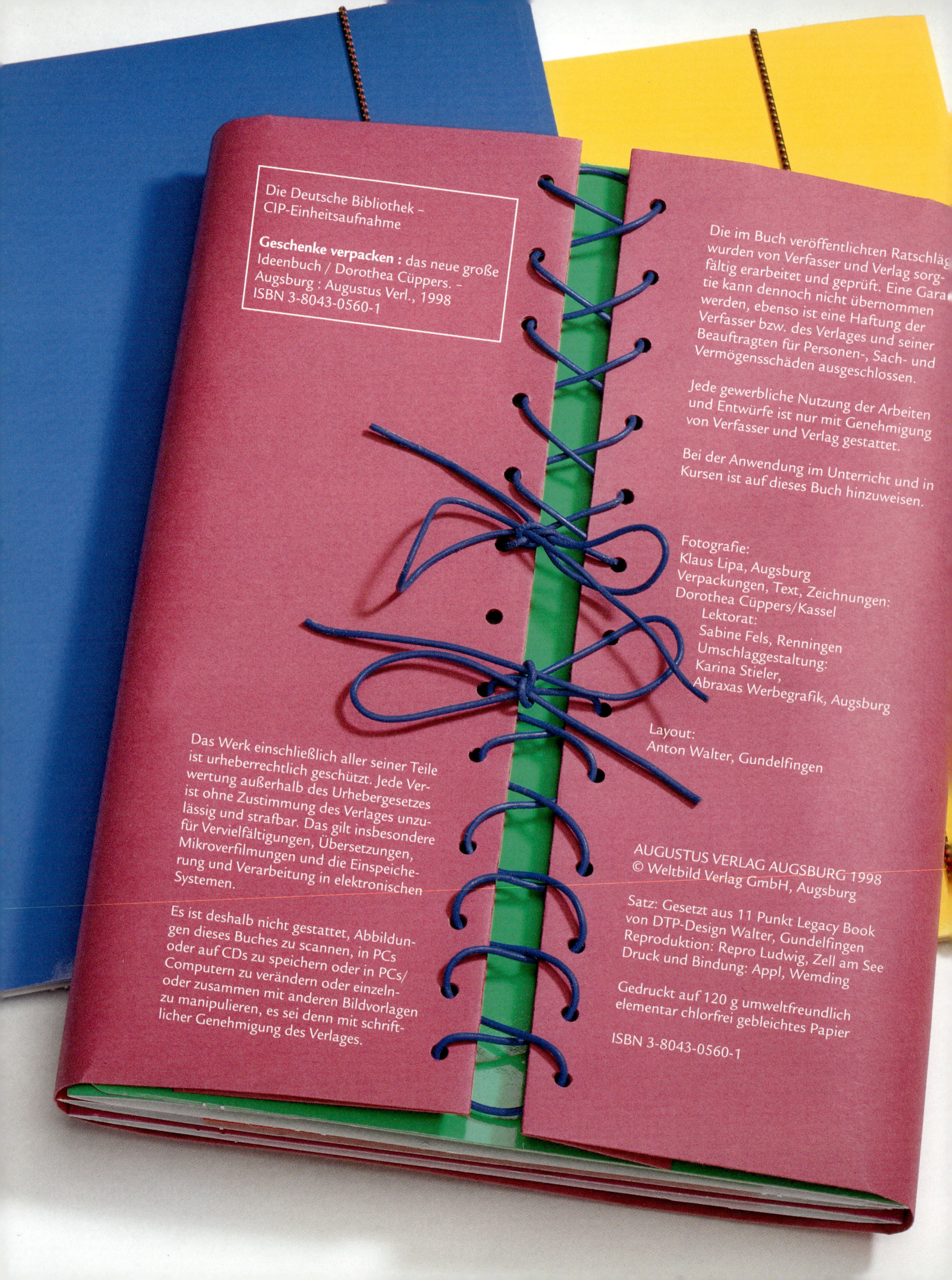
Die Deutsche Bibliothek –
CIP-Einheitsaufnahme

Geschenke verpacken : das neue große Ideenbuch / Dorothea Cüppers. – Augsburg : Augustus Verl., 1998
ISBN 3-8043-0560-1

Fotografie:
Klaus Lipa, Augsburg
Verpackungen, Text, Zeichnungen:
Dorothea Cüppers/Kassel
Lektorat:
Sabine Fels, Renningen
Umschlaggestaltung:
Karina Stieler,
Abraxas Werbegrafik, Augsburg

Layout:
Anton Walter, Gundelfingen

Satz: Gesetzt aus 11 Punkt Legacy Book von DTP-Design Walter, Gundelfingen
Reproduktion: Repro Ludwig, Zell am See
Druck und Bindung: Appl, Wemding

Gedruckt auf 120 g umweltfreundlich elementar chlorfrei gebleichtes Papier

ISBN 3-8043-0560-1